国家级一流本科专业建设成果教材

化学工业出版社“十四五”普通高等教育规划教材

红外物理与技术

李 光 关 丽 杨景发 主编

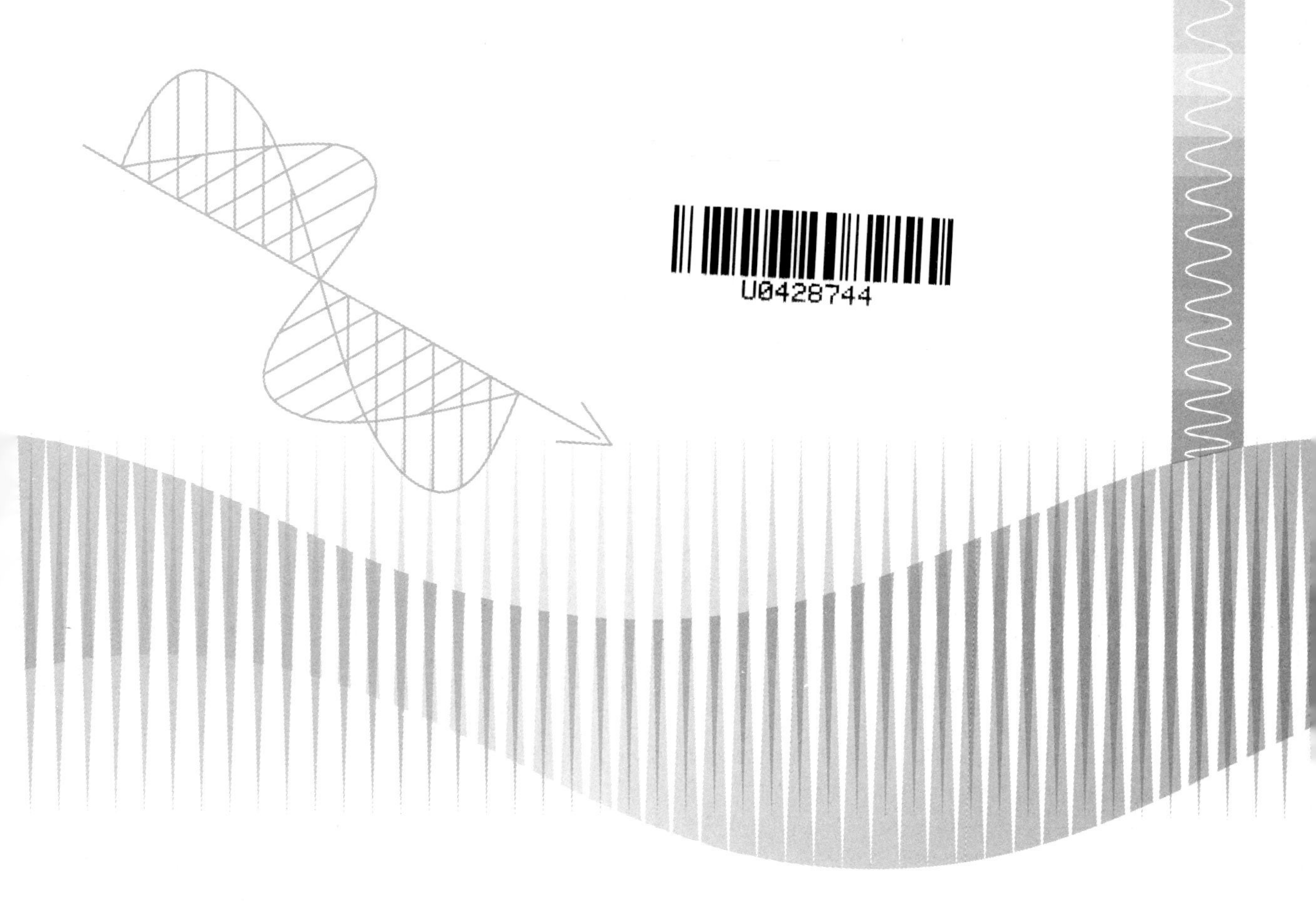

化学工业出版社
·北京·

内容简介

《红外物理与技术》系统地论述了红外辐射的发射、传输和测量等过程的基本原理和规律，介绍了辐射度学的基本概念、红外辐射的基础知识、辐射量的计算以及校准用标准黑体辐射源和实验室常用的辐射源。同时，讨论了黑体和一般物体的辐射规律、目标与背景的红外辐射特性、红外探测器工作原理，还详细分析了红外辐射在各个领域的新应用：红外加热技术、红外光谱技术、红外成像技术和红外医疗技术等。

本书可以作为红外技术、光电子技术、光学工程等专业的本科高年级学生和研究生的专业教材，也可以供相关专业的科技工作者参考。

图书在版编目（CIP）数据

红外物理与技术 / 李光，关丽，杨景发主编. 北京 : 化学工业出版社，2025.4. --（国家级一流本科专业建设成果教材）. -- ISBN 978-7-122-47513-8

Ⅰ. TN211

中国国家版本馆 CIP 数据核字第 202551C4J2 号

责任编辑：满悦芝　　文字编辑：郑云海
责任校对：边　涛　　装帧设计：张　辉

出版发行：化学工业出版社
(北京市东城区青年湖南街 13 号　邮政编码 100011)
印　　装：北京云浩印刷有限责任公司
787mm×1092mm　1/16　印张 9¼　字数 208 千字
2025 年 5 月北京第 1 版第 1 次印刷

购书咨询：010-64518888　　售后服务：010-64518899
网　　址：http://www.cip.com.cn
凡购买本书，如有缺损质量问题，本社销售中心负责调换。

定　　价：38.00 元

前言

自然界中一切温度高于热力学零度的物体无时无刻不在产生着红外辐射，且这种辐射都携带有辐射物体的特征信息，这为探测和识别各种目标提供了客观基础。因此，自从英国天文学家赫谢耳（Herschel）在1800年发现红外线以来，随着红外辐射理论、红外探测器、红外光学以及红外探测及跟踪系统等的发展，红外技术在国民经济、国防和科学研究中得到了广泛的应用，已经成为现代光电子技术的重要的组成部分，受到世界各国的普遍的关注。因此，许多高等学校在相关专业和学科的本科生、研究生培养中开设了红外物理与技术方面的课程，以适应国民经济建设、国防和科学研究对红外技术人才的需求。

红外物理以电磁波谱中的红外辐射为特定对象，主要研究红外辐射的产生、传输及探测过程的现象、机理、特征和规律等；红外技术以红外物理为基础，研究目标的红外辐射特点、探测与成像、红外信息处理及应用方法等。随着红外技术的不断推广和应用，会出现许多新的物理问题和现象，从而推动红外物理的研究不断深入。为了让理科学生在掌握扎实的红外物理基本知识的同时，得到红外技术方面应用能力的培养，让工科学生在学好红外技术应用知识的同时，进一步夯实红外物理的理论知识，本书将红外物理、红外技术两大部分内容尽量有机地融合在一起，并加入了该领域内新的理论知识和技术，以利于学生全面素质的培养和提高。

本书共分9章，按照从理论到技术的顺序，具体内容安排是：第1章介绍红外物理学的研究对象和研究内容、红外物理学历史和红外物理与现代科学技术的关系。第2章介绍红外辐射度学的基础，基本辐射量的定义、朗伯余弦定理和漫辐射源的辐射特征、辐射在介质传输时的衰减和常用到的几个红外辐射规律。第3章介绍热辐射的基本规律，热辐射遵循的三大定律：普朗克辐射定律、维恩位移定律和斯特藩-玻耳兹曼定律，实际物体的发射率和黑体辐射的简便计算方法，红外辐射测温原理。第4章介绍典型红外辐射源和黑体辐射源的理论和应用分析。第5章介绍红外探测器的分类、性能指标和常用的探测器的物理原理。第6章介绍红外加热技术的原理和实际生活中的应用，红外辐射材料和应用，常见的几种红外加热器件。第7章介绍红外光谱的基础知识、红外分析仪的优缺点和近代红外二维光谱的发展。第8章介绍热成像的原理和在工业、军事上的应用。第9章介绍红外理疗的基础知识、国内外红外理疗器件和红外在中国传统医学中的应用。

本书可以作为高等学校物理学、应用物理学、光电信息科学等专业的高年级本科生或光学工程、生物医学工程等专业硕士生的教材，也可供从事红外器件和红外应用的科技人员参考使用。

本书由李光教授总体负责，第1章由关丽编写，第2、3、4章由李光编写，第5、6章由杨景发编写，第7章由张玮编写，第8章由李旭编写，第9章由刘素玲编写。

在编写过程中，除文中列出的参考文献外，还在网络上查阅了大量的资料，在此对相关作者表示感谢。

由于编者水平有限，书中难免存在不妥之处，欢迎大家批评指正。

编　者

目录

第1章
绪　论

红外物理是研究红外辐射的本质、红外辐射与物质相互作用的规律以及它的工程应用的一门学科。它包括红外物理学和红外技术两大领域的内容。

红外物理学是一门新兴学科，以红外辐射为研究对象，研究红外辐射与物质的相互作用。主要研究内容包括：红外辐射度学，它研究基本辐射量的定义、相互间关系，是红外物理的基本研究内容；红外辐射的发射与吸收，它主要研究红外辐射的产生、传输以及黑体辐射的三个基本定律、实际物体的辐射规律；不连续谱的红外辐射，它主要研究红外光谱的产生、频谱分析等；红外辐射的探测，它主要研究红外探测器和红外基本辐射量的测量等问题。

红外技术是应用光学和电子学的一个分支，涉及光学、激光、半导体技术、制冷技术、精密机械及信息处理等广阔的技术领域。它的应用范围涉及军事、工业、农业、医学、天文、气象、空间和地球科学。

红外技术主要研究的是红外工程应用，主要包括红外气体分析仪、红外测温、红外加热技术、红外理疗技术、红外热成像技术、红外光谱技术等领域。

1.1　红外物理学研究的对象

1.1.1　红外辐射的电磁波谱

在日常生活或科学研究中，我们遇到的各种辐射，如：γ 射线、X 射线、紫外线、可见光、红外线、微波、无线电波等都是电磁辐射。由于产生的机理不同或者探测的方法不同，历史上对这些辐射的名称叫法各不相同，但本质上它们是相同的，都是电磁场的振动形成的，故统称为电磁辐射。

把这些辐射按波长（或频率）的次序排列成一个连续谱，就是电磁波谱，如图 1.1 所示。所有的电磁辐射都具有波动性，因此电磁辐射又称为电磁波。所有电磁波都遵循同样形式的反射、折射、干涉、衍射和偏振定律，且在真空中的传播速度具有相同的数值，称之为真空中光速，其值为 $c=2.99792458\times10^{8}$ m/s。

在描述这些电磁辐射时，通常不同的波段采用的波长单位也有所不同，如 γ 射线、X 射线因为其波长太短，常用单位埃（Å）；紫外线、可见光通常采用单位纳米（nm）；红外线的波长常用单位微米（μm）；微波常采用单位厘米（cm）；无线电波常采用单位米（m）。这些单位的相互关系为 $1\mu m=10^{-4}cm=10^{-6}m=10^{3}nm=10^{4}$Å。

在电磁波谱中，相邻的两个波段并不是分界明确的，比如：γ 射线、X 射线就有相当的一部分波长是重合的，即在一段重合的波长范围内，同时可以有 γ 射线、X 射线。紫外线与可见光、可见光与红外线、红外线与微波也是如此，这是由于各种电磁辐射的机理不同造成的。

电磁波谱如图 1.1 所示。

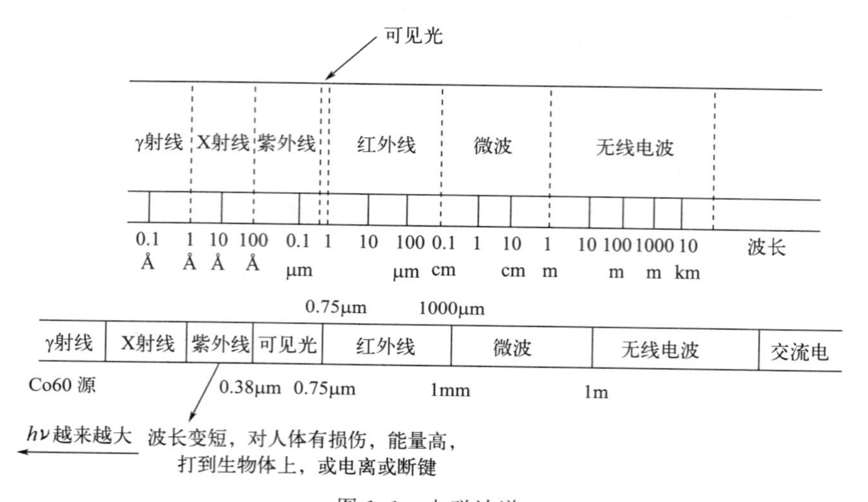

图 1.1　电磁波谱

1.1.2　红外线的定义

红外线是可见光的红端以外（0.75～1000μm）的一段不可见光线。凡是热力学零度以上的物体都在发射和吸收红外线，我们每个人无时无刻不处于红外线的包围之中。

红外线具有电磁波的共性，都遵守反射、衍射和偏振定律，就传播而言具有波动性，就辐射吸收而言具有微粒性。

横波：$c=\lambda\nu=3\times10^{10}$ cm/s

λ：0.75～1000μm

ν：$3\times10^{11}\sim4\times10^{14}$ Hz

$\tilde{\nu}$：$10\sim1.3\times10^{4}\,cm^{-1}$

波数 $\tilde{v}=\dfrac{1}{\lambda(\mathrm{cm})}=\dfrac{10^4}{\lambda(\mu\mathrm{m})}$，即单位长度（1cm）上所容纳的波长的个数。波数在光谱学上是一个重要的概念，波数 $\tilde{v}=\dfrac{1}{\lambda}=\dfrac{1}{c}\nu$。

量子性：电磁波具有波粒二象性，红外辐射以红外光量子的形式存在。红外光子的能量 $\varepsilon=h\nu$，光子能量范围为 $1.24\times10^{-3}\sim1.65\mathrm{eV}$（能量较小，对人体无伤害）。

红外波段的划分依据有产生的机理、传输特性、探测方法等，如表1.1所示。

表1.1 在不同研究领域中红外光谱区划分的几个波段

<table>
<tr><th>应用范围</th><th>近红外</th><th>中红外</th><th>远红外</th><th>极远红外</th></tr>
<tr><td>军事</td><td>0.75～3.0μm，
红外侦察
（主动红外源、
红外望远镜）</td><td>3.0～6.0μm，
多数军事目标产生的辐射
（飞机导弹排出的尾
流、火箭发动机、火箭
蒙皮、被动热像仪）</td><td>6.0～15.0μm，
探测、伪装
（地球辐射、人体辐
射、室温物体辐射）</td><td>15.0～1000μm
暂无应用</td></tr>
<tr><td rowspan="2">民用
红外烘烤加热技术</td><td>0.75～1.4μm
（红外灯泡）</td><td>1.4～3.0μm</td><td>3.0～1000μm
（远红外辐射器）</td><td rowspan="2"></td></tr>
<tr><td colspan="3">（被烤物和分离物对红外辐射有选择性吸收，吸收谱线多数处于中、远红外区。由于涂层配方的不同选择，可产生不同的选择性吸收，从而达到节能效果）</td></tr>
<tr><td>红外光谱学研究</td><td>0.75～2.5μm，
分子振动的倍频</td><td>2.5～25μm，
分子振动光谱</td><td>25～1000μm，
分子转动光谱</td><td></td></tr>
<tr><td>红外理疗</td><td>0.75～1.4μm</td><td>1.4～3μm</td><td>1.4～1000μm</td><td></td></tr>
</table>

1.1.3 红外线的特点

(1) 存在的普遍性

从热力学温度达6000K的太阳到3K的宇宙空间背景，从炽热的岩浆到万年冰封的北极，从船舰、潜艇到飞机导弹，从细胞到癌组织，都在发射与本身温度相对应的、一定波长的红外辐射，可以说，红外辐射是无处不在的。红外辐射普遍存在的特点，使人们有可能借助红外仪器，不管是白昼还是黑夜，不用照明就能够“看”到目标或景物。

(2) 隐蔽性

红外辐射与可见光比较，它具有人眼不可见的特性，这构成它的第二个特色——隐蔽性。隐蔽性对军事行动、拍摄野生动物活动等都是十分重要的。

(3) 大气传输特性比可见光好

只要仪器在大气中工作，大气的传输特性就会直接影响红外线和可见光仪器的工作效能。大气的传输特性受气体的选择性吸收、悬浮粒子的散射和大气闪烁等因素影响。从实测数据可知：红外辐射在大气中的传输特性比可见光优越。长波红外辐射有较好的透射特性。例如用3～5μm的热像仪，可以发现烟雾弥漫中的火源；又如用8～14μm的机载热像仪（前视仪），能透过雾看到10km以外的桥梁和跑道。从总的情况来看，红外的大气传输特性介于可见光和微波之间。

(4) 红外辐射容易产生

只要将物体加热就能获得红外辐射。

(5) 红外辐射能用各种接收器接收

可以使用如热释电式、光电式、光致荧光式等接收器接收红外辐射。

1.2 红外技术的发展史

如图 1.2 所示是典型的红外系统，其核心机制是红外辐射与物质的相互作用，系统主要包括：目标，可以是飞机、导弹、坦克等，不同目标有不同的红外分布；大气传输，是指红外辐射在传输过程中被媒质（大气及光学材料）吸收、散射造成衰减的过程；红外探测，主要包括光电转换、过程机理等。

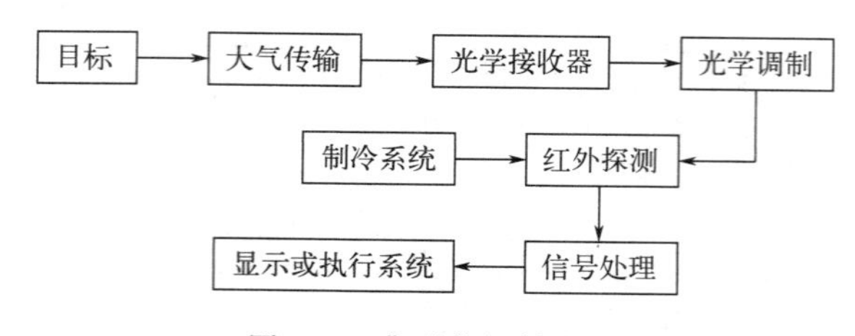

图 1.2 典型的红外系统

红外物理学研究红外辐射与物质的相互作用。其主要任务是：为红外技术的应用提供新原理、新材料、新型器件，开拓能应用的新的光谱区，并提供理论基础和实验依据。

(1) 红外辐射的发现

1800 年英国天文学家威·赫谢耳寻求观察太阳光并能保护眼睛的方法时发现了红外辐射。

在赫谢耳时代人们认为，“由于阳光总伴随着热量，所以光量是与热量成正比的”，但赫谢耳对此怀疑，他研究在照度相同时不同色光是否带有不同热量的问题，并设计了著名的太阳光谱热效应的实验，如图 1.3 所示。实验是在暗室中进行的，他在朝太阳的一扇门上挖了一条横槽孔，把玻璃棱安装在槽孔内，当太阳光经棱镜分光后，太阳光谱投射在台面上。他使用威尔逊制作的温度计作为辐射热效应的探测器，这是一种水银球表面涂黑的灵敏温度计，准确度为 1/4℉[1]。在他测量

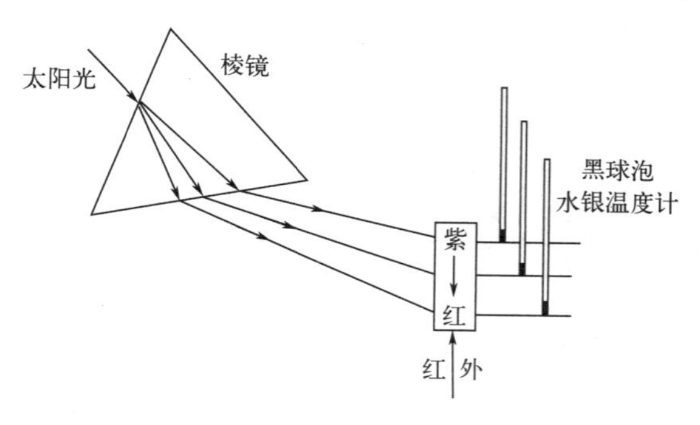

图 1.3 赫谢耳太阳光谱热效应实验示意图

[1] $t/℃=\frac{5}{9}(t/℉-32)$

的光谱带中，温度上升的幅度在 1～10℉之间，可是环境温度经常在 50～60℉，为了排除环境温度变化所引起的误差，赫谢耳设计了一种差分测量法，即用二支相同的温度计，放在光谱中适当位置，其中一支温度计的水银球用阻挡物盖住，他用二支温度计的差值反映热效应的强度。他发现，温度计从紫、蓝、绿、黄、橙、红各色逐步移动时，热效应的最大值并不与光谱的最亮值重合，热效应的最大值位于距离红光很远的暗区位置。

(2) 红外技术的发展

红外技术发展历史如图 1.4 所示。

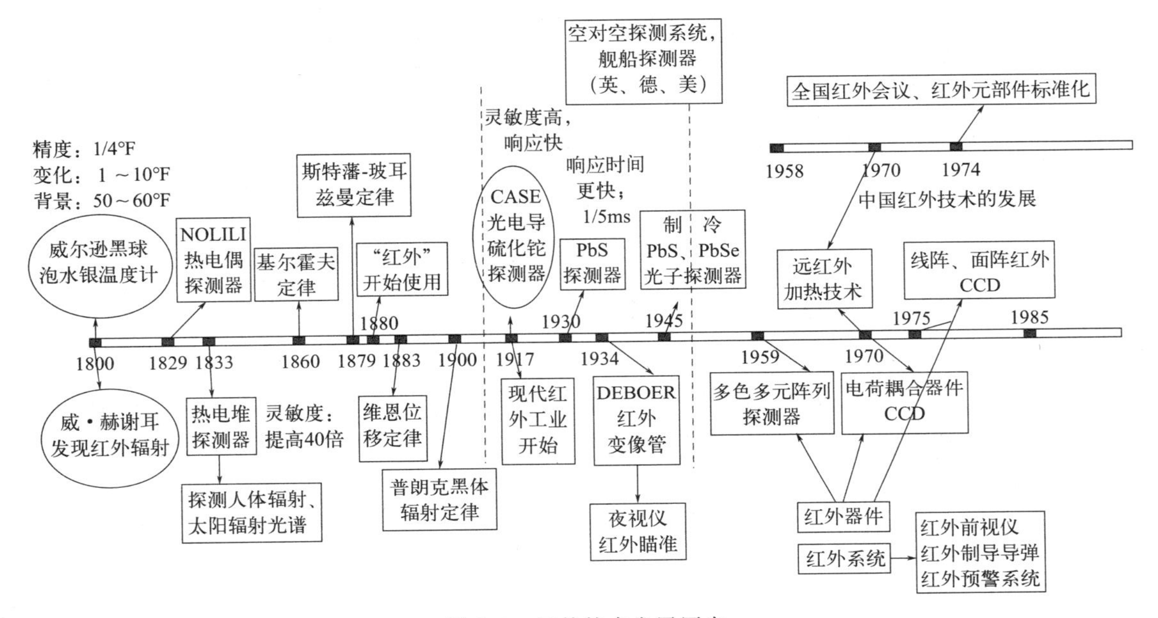

图 1.4 红外技术发展历史

红外技术发展历史的核心是红外物理学和红外探测器的发展，发展动力是国防的需要。可分三个发展阶段：

① 第一阶段（红外技术诞生期），从威・赫谢耳发现红外线到第一次世界大战前。

② 第二阶段（红外技术成长期），从第一次世界大战到第二次世界大战结束。

③ 第三阶段（红外技术发展期），从第二次世界大战结束到 20 世纪末。

1.3 红外物理学与现代科学技术的关系

1.3.1 红外技术在军事上的应用

① 夜视仪系统：主动式（有源），被动式（无源）。

② 侦察与伪装。原理：不同目标、不同温度、不同材料有不同的红外辐射。可用于识别人为伪装、导弹基地、兵营、工业区。

具体应用有：

① 导弹跟踪：利用飞机尾喷口温度（400～700℃）锁定、跟踪目标。

② 搜索系统：红外雷达分辨率高、隐蔽性好。仪器的分辨率极限受制于辐射的波动性——衍射。衍射是物理限制，是人无法控制的，由衍射形成的弥散圆直径与波长成正比，与光学系统的孔径成反比。常用的红外波长要比微波短千倍，所以用相同孔径的光学系统，红外仪器比微波仪器的分辨率高得多。

③ 制导系统：地对地、空对空。

④ 前视系统：红外成像系统，3 万米高空能看清地面。

⑤ 遥感系统：光雷达、导弹预警、气象观测、地球资源应用、大气污染遥测。

1.3.2 红外技术在工业上的应用

① 测温：非接触测温，如热轴、高压线接头等，以及高温炼钢炉红外报警等。

② 节能：红外加热技术。

③ 医疗：多源频谱治疗仪、能量康复器等。

④ 诊断：热像仪、乳腺癌诊断仪等。

⑤ 红外气体分析仪：利用分子光谱的特征吸收带分析气体，比如：分析 CO_2 时，在 4.25μm 波长处精度达 ppm 级（百万分之一）。

⑥ 物质结构及成分分析：分光计。

习 题

1. 简述红外线的发现。
2. 简述红外辐射光谱的波段划分依据。
3. 和可见光相比，红外辐射的特点是什么？
4. 简述红外技术在军事上的应用。
5. 简述红外技术在国民经济上的应用。
6. 上网查询，在现代军事光电对抗中主要的红外对抗手段。
7. 上网查询国内外有哪些红外技术公司、他们的产品有哪些？
8. 红外的大气窗口有哪些？

第2章

红外辐射基础知识

2.1 引言

研究红外辐射的发射、传输、探测都涉及辐射量的概念及度量问题。红外辐射度学研究红外辐射转换的各种辐射量的基本概念、理论和测量技术。具体内容如下：

① 研究各个辐射量的概念、定义及各量之间的关系，以及在实际应用中各个辐射量的计算问题。

② 研究各个辐射量的测量方法和测量仪器。

③ 研究测量标准源——绝对黑体。比如：能斯特灯（ZrO_2、Y_2O_3 在 400℃变成导体，其工作温度为 2000K）、硅碳棒（1500K）等辐射源的研究；

④ 研究红外辐射的热转换和热传输。比如红外加热技术、红外理疗、红外热像等的研究。

⑤ 探测器件的研究。比如光电管、光电倍增管、热电偶、热电堆、热释电探测器、光子探测器等的研究。

红外辐射度学的发展方向是研究各个辐射量的测量方法和测量仪器。本书重点讨论各个辐射量的概念、定义及各量之间的关系，以及在实际应用中各个辐射量的计算问题。

首先介绍光度学的基本概念及度量方法。

光度学：针对可见光源的研究，例如白炽灯泡、日光灯等。

所涉及的辐射量：

① 光通量，单位是 lm。

② 发光强度，单位是 cd。

被照物体接收光照的性能：照度单位是 lx。

度量方法：以人眼对入射光的刺激而引起的视觉反应为基础，因此，它不是客观的物理描述。同一个光源不同的人看会得到不同的结果，实际上是取平均值。

绿光 最亮　红光 次之　红外线 非可见

图 2.1　人眼对灯泡发射不同电磁波感觉

如图 2.1 所示，三个灯泡发射电磁波的能量都一样，但由于发射波数不同，我们的视觉感受也不一样。

出现这种情况的原因是人眼视觉对绿光最敏感，红色次之，而对红外则无法通过肉眼观察。所以，光度学只适用于电磁波谱中的可见光范围（0.38～0.75μm）。

为了研究整个电磁波谱（红外辐射、X 射线、紫外线等），必须引入辐射度学的概念和度量方法。辐射度学是对辐射量的客观测量，不受主观视觉因素影响。

2.2　基本辐射量和光谱辐射量

红外物理相关的技术文献中术语存在不同程度的混乱，下面我们将采用广为接受的术语名称、符号、意义和单位。

辐射能：以电磁波的形式发射、传输或接收的能量，用 Q 表示，单位为 J。

红外系统中，用探测器测量辐射能时，大多数测得的并不是能量的累积值，即它们响应的不是传递的总能量，而是辐射能传递的时间速率，即辐射功率 P。

由辐射功率派生出几个辐射度学的物理量，属于基本辐射量，一般用红外辐射计测量这些量，一般红外系统结构如图 2.2 所示。

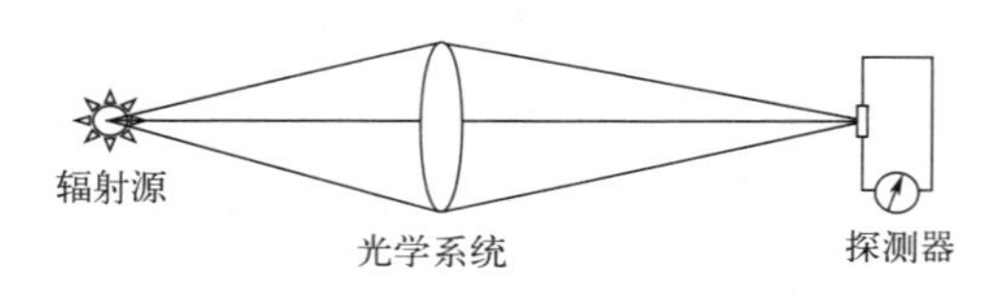

图 2.2　一般红外系统结构示意图

为了弄清各辐射量的物理意义，测量中暂不考虑媒质的影响（吸收、散射、衰减）。下面我们讨论基本辐射量的定义。

2.2.1　辐射功率

定义：单位时间内发射（传输或接收）的辐射能。

单位：W，（1W＝1J/s）。

定义式：

$$P=\lim_{\Delta t\to 0}\frac{\Delta Q}{\Delta t}=\frac{\partial Q}{\partial t} \tag{2-1}$$

取偏微分是因为 Q 受多种因素的影响（波长、时间、观察方向、温度、材料等）。在不少文献中，辐射功率等同于辐射能通量 Φ。

2.2.2　辐出度

P 是整个辐射源表面在单位时间内向整个半球空间发射的辐射能，显然 P 与源面积有关。如果一个辐射源温度不变，面积 A 越大，P 就越大。因此，为描述源表面所发射的辐射功率沿表面位置的分布特征，引出辐出度 M 这个辐射量，有时候也称辐射出射度。

定义：辐射源单位表面积向半球空间（2π 球面度立体角）发射的辐射功率，以 M 表示。

定义式：
$$M=\lim_{\Delta A\to 0}\frac{\Delta P}{\Delta A}=\frac{\partial P}{\partial A}\text{，单位为 W/m}^2\text{。} \tag{2-2}$$

式中，A 为源表面积。对于非均匀的发射面，M 是表面上位置 x 的函数，即 $M(x)$。则源发射的总辐射功率为：

$$P=\int_{(\text{源面积}A)}M\,\mathrm{d}A \tag{2-3}$$

2.2.3　辐射强度

M 给出了 P 在源表面的分布特性，而 P 在空间不同方向上的分布特性并不清楚，为了描述源的空间分布，特引出两个量：

① 辐射强度 I——针对点源；

② 辐射亮度 L——针对扩展源。

点源不是一个几何点，而是一个相对的概念。如距地面遥远的一颗星，其真实尺寸很大，但在地球上观看就是一个点源。

扩展源尺寸比较大，但如此讲是很含糊的。同一个辐射源，在不同的场合，既可能是点源，也可能是扩展源，关键取决于源与观测者（或探测器）之间的距离或张角。如果辐射源尺寸很大，但观测距离更大，同样可视为点源。

例如，图 2.3 喷气式飞机的尾喷口既可为点源，也可为扩展源。

一般讲：

① 若观测装置不带光学系统时，源与观测者的距离大于源本身最大尺寸的 10 倍，就可视为点源；小于 10 倍时可视为扩展源。

② 若观测装置带光学系统时，源的像小于探测器的光敏面积时（未充满视场）可视为点源；充满或大于视场时，可视为扩展源。

辐射强度 I 定义：点源在某方向上单位立体角内发射的辐射功率。

如图 2.4 所示，若一个点源在围绕某指定方向的小立体角 $\Delta\Omega$ 内发射的辐射功率为 ΔP，则 ΔP 与 $\Delta\Omega$ 之比的极限值定义为辐射源在该方向的辐射强度 I：

$$I=\lim_{\Delta\Omega\to 0}\left(\frac{\Delta P}{\Delta\Omega}\right)=\frac{\partial P}{\partial\Omega}\quad\text{单位为瓦/球面度} \tag{2-4}$$

如果对整个发射立体角积分，就得出源发射的总辐射功率 $P=\int_{(\text{发射立体角})}I\,\mathrm{d}\Omega$。

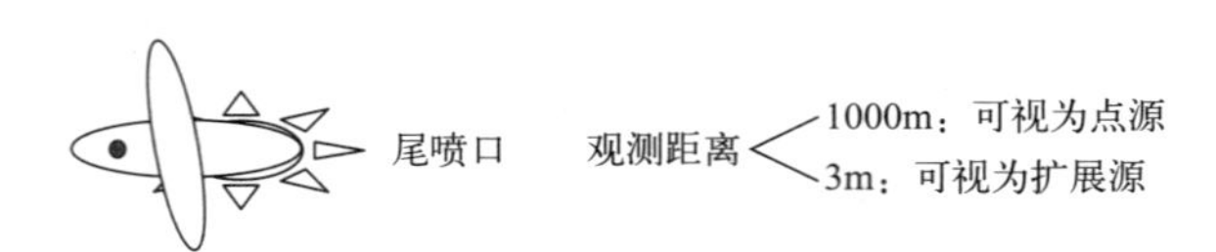

图 2.3　喷气式飞机的尾喷口示意图

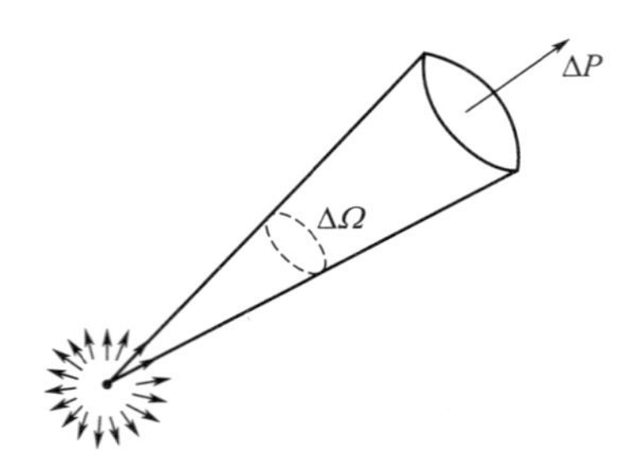

图 2.4　点源在指定方向小立体角内辐射

2.2.4　辐射亮度（辐亮度）

对于扩展源，其辐射功率与立体角、源面积和观测方向有关，此时 I 已不适用，需引入一个新的辐射量——辐亮度 L。

如图 2.5 所示，在扩展源表面上某位置 x 附近取一面积元 ΔA，该面积元向半球空间发射的辐射功率为 ΔP，若进一步在与面积元 ΔA 的法线夹角为 θ 的方向取一个小立体角元 $\Delta\Omega$，则 ΔA 向 $\Delta\Omega$ 内发射的辐射功率是二阶小量 $\Delta(\Delta P)=\Delta^2 P$。

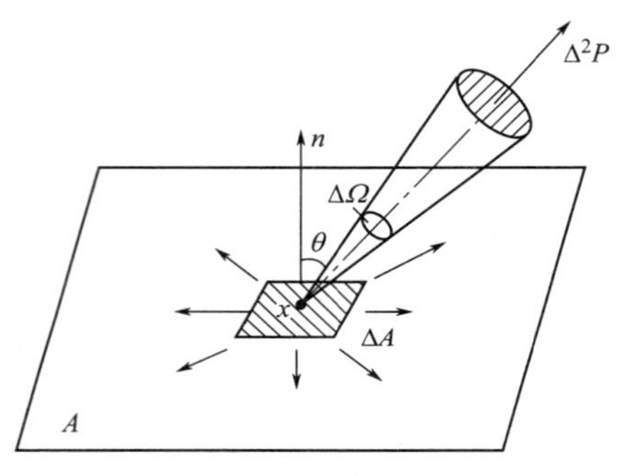

图 2.5　扩展源的辐射

在 θ 方向看到源的有效面积是 ΔA 的投影面积，即 $\Delta A_\theta=\Delta A\cos\theta$。不难看出，由 ΔA 投入 $\Delta\Omega$ 内的辐射功率，相当于来自 ΔA_θ 的法向辐射功率。

所以，辐射亮度定义为：扩展源在某点处某方向上的辐射亮度是扩展源在该方向上单位投影面积向单位立体角发射的辐射功率。

定义式：
$$L=\lim_{\Delta A_\theta\to 0\,\Delta\Omega\to 0}\left(\frac{\Delta^2 P}{\Delta A_\theta\Delta\Omega}\right)=\frac{\partial^2 P}{\partial A_\theta\partial\Omega}=\frac{\partial^2 P}{\partial A\partial\Omega\cos\theta} \tag{2-5}$$

单位：［瓦·米$^{-2}$·球面度$^{-1}$］。

(1) L 与 I 的关系

为了测量辐亮度，必须用遮光板或光学装置把测量限制在扩展源的一个小面积上。在此条件下测量 P，再除以 ΔA 和探测器对该面积张的立体角。

① L 是在观测方向单位有效面积的 I 值；

② 如果观测方向为 ΔA 的法线方向，则 L 为扩展源单位面积上的 I 值。

因此，L 是辐射源在给定方向上 I 沿表面分布特性的量度。

(2) M 与 L 的关系

L 与 M 都表征 P 在源表面上的分布特性，那么，二者之间必有某种相互关系。

因为

$$L=\frac{\partial^2 P}{\partial A\partial\Omega\cos\theta}$$

所以

$$d^2 p = L\cos\theta d\Omega dA$$

dA 向半球空间（2π 球面度）发射的辐射功率

$$dP = \int_{(\text{半球空间})} d^2 P = [\int_{(2\pi\text{球面度})} L\cos\theta dd\Omega] dA \tag{2-6}$$

利用 M 的定义式，得到 L 与 M 的关系式为

$$M = \frac{dP}{dA} = \int_{(2\pi)} L\cos\theta d\Omega \tag{2-7}$$

L 与 θ 的函数关系未知时，积分很难求出。但是我们研究的源，其 L 与 θ 的关系一般是已知的。

上述讨论的 P、M、I、L 都是源辐射特性的度量，需要引入一个物体接收辐射的被照程度的物理量——辐照度。

2.2.5 辐照度

定义：辐照度就是被照表面单位面积上接收到的辐射功率，以 E 表示。

定义式：

$$E = \lim_{\Delta A \to 0} \frac{\Delta P}{\Delta A} = \frac{\partial P}{\partial A}\text{，单位为 W/m}^2 \tag{2-8}$$

M 与 E 的区别：

M：离开辐射源表面的辐射功率分布，它包括了源向 2π 空间发射的 P。

E：入射到被照表面上的辐射功率分布，它既可包括一个或几个源投射来的辐射，也可以是来自指定方向上一个立体角中投射来的辐射。E 的大小与被照面的位置、辐射源的特性以及被照面与源的相对位置有关。

例如，图 2.6 中两个点源 S_1 和 S_2 的辐射强度 I 完全相同，但其中 S_1 在被照面内位置 x 的法线方向上，S_2 在与法线夹角为 θ 的方向，二者与被照点 x 的距离均为 l。

不考虑辐射在传输过程中的衰减，则它们在被照位置 x 处产生的辐照度分别为：

$$E_1 = \frac{dP_1}{dA} = \frac{I d\Omega_1}{dA} = \frac{I\dfrac{dA}{l^2}}{dA} = \frac{I}{l^2} \tag{2-9}$$

$$E_2 = \frac{dP_2}{dA} = \frac{I d\Omega_2}{dA} = \frac{I\dfrac{d(A\cos\theta)}{l^2}}{dA} = \frac{I\cos\theta}{l^2} \tag{2-10}$$

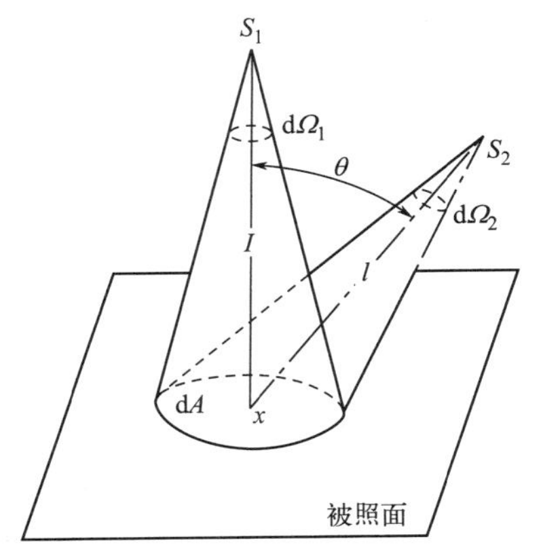

图 2.6　两个辐射强度的点源的辐射照度示意

点源在被照面上产生的辐照度与源到被照面的距离平方成反比（即反平方定律），并与源相对于被照面法线方向的夹角 θ 有关。

一般谈到 M、L，总是想到辐射源，而谈到 E 时总会想到被照面。但是，辐射度学中的这些概念，除了适用于源和被照面以外，也适用于辐射场的辐射度量。

2.3 光谱辐射量和光子辐射量

2.3.1 光谱辐射量

基本辐射量（全辐射量）P、M、I、L、E 仅考虑了 P 的面分布和空间分布，并认为这些辐射量包含了波长从 0 到∞的全部辐射，因此也常把它们叫作全辐射量。然而，任何辐射源发出的辐射，或投射到表面上的辐射，都有一定的光谱（或波长）分布特征。因此我们还应该给出各基本辐射量相应的光谱辐射量，而这也正是实际应用中人们感兴趣的。

设 X 可以泛指 P、M、I、L、E 中任意一个辐射量，在指定波长 λ 附近取一个小的波长间隔 $\Delta\lambda$，所对应的 X 的增量为 ΔX，于是就可以定义相应的光谱辐射量，并记为 X_λ。

例如：

$$X_\lambda = \lim_{\Delta\lambda \to 0} \frac{\Delta X}{\Delta\lambda} = \frac{\partial X}{\partial\lambda} \tag{2-11}$$

光谱辐射功率

$$P_\lambda = \lim_{\Delta\lambda \to 0} \frac{\Delta P}{\Delta\lambda} = \frac{\partial P}{\partial\lambda} \quad \mathrm{W/\mu m} \tag{2-12}$$

表示在波长 λ 处单位波长间隔内的辐射功率。

仿此，还可以定义其余各光谱辐射量及其单位：

光谱辐出度
$$M_\lambda = \frac{\partial M}{\partial\lambda} \quad \mathrm{W/(m^2 \cdot \mu m)} \tag{2-13}$$

光谱辐射强度
$$I_\lambda = \frac{\partial I}{\partial\lambda} \quad \mathrm{W \cdot sr/\mu m} \tag{2-14}$$

光谱辐亮度
$$L_\lambda = \frac{\partial L}{\partial\lambda} \quad \mathrm{W/(m^2 \cdot sr \cdot \mu m)} \tag{2-15}$$

光谱辐照度
$$E_\lambda = \frac{\partial E}{\partial\lambda} \quad \mathrm{W/(m^2 \cdot \mu m)} \tag{2-16}$$

X_λ 表示光谱辐射量，反映在指定波长 λ 处单位波长间隔内的辐射量，它表征辐射量随波长的分布特征。X_λ 通常是 λ 的函数，即 $X_\lambda = X(\lambda)$，公式中下标 λ 表示对 λ 的偏微分，而括号中 λ 表示 X 是关于 λ 的函数。光谱辐射功率 P_λ 定义：辐射功率随波长 λ 分布特性的物理量，并非真正的辐射功率的度量，它仅是在某个波长处的辐射功率。单色辐射功率：因为 $P_\lambda = \dfrac{\partial P}{\partial\lambda}$，所以在波长 λ 处的小波长间隔 $\mathrm{d}\lambda$ 内的辐射功率为

$$\mathrm{d}P = P_\lambda \mathrm{d}\lambda \quad \mathrm{W} \tag{2-17}$$

只要 $\mathrm{d}\lambda$ 足够小，则 $\mathrm{d}P$ 就可以称作在波长 λ 处的单色辐射功率。

$$\Delta\lambda = \lambda_2 - \lambda_1$$

把上式从 λ_1 到 λ_2 积分，得到在光谱带（或波长间隔）$\Delta\lambda = \lambda_2 - \lambda_1$ 内的辐射功率 $P_{(\Delta\lambda)}$ 为

$$P_{(\Delta\lambda)}=P_{(\lambda_1\to\lambda_2)}=\int_{\lambda_1}^{\lambda_2}P_\lambda \mathrm{d}\lambda \quad \mathrm{W} \tag{2-18}$$

若 $\lambda_1=0$，$\lambda_2=\infty$，则上式的积分结果给出的是全辐射功率，为

$$P=\int_0^{\infty}P_\lambda \mathrm{d}\lambda \quad \mathrm{W} \tag{2-19}$$

2.3.2　光子辐射量

在红外辐射的探测与测量时，常用到光子探测器，它对入射辐射的响应，不是考虑入射的辐射功率，而是单位时间接收的光子数。因此，描述与此有关的辐射源或辐射场的性质时，通常采用每秒发射（通过或接收）的光子数来定义各个辐射量，叫作光子辐射量，以带脚标 q 的符号表示。

① 光子辐出度 M_q　就是源单位表面积在单位时间内向半球空间发射的光子数。

$$\begin{cases} M_q=\dfrac{\partial^2 N}{\partial A\partial t}, & \text{仅考虑同一频率的单色辐射源时} \\ M_q=\dfrac{M}{h\nu} & \text{光子数}/\mathrm{m}^2\cdot\mathrm{s} \end{cases} \tag{2-20}$$

② 光谱光子辐出度 $M_{q\lambda}$　就是在指定波长 λ 处，单位波长间隔内的光子辐出度。

$$M_{q\lambda}=\partial M_q/\partial\lambda=\partial^3 N/(\partial A\partial t\partial\lambda)=M_\lambda/(h\nu) \quad \text{光子数}/(\mathrm{m}^2\cdot\mathrm{s}\cdot\mu\mathrm{m}) \tag{2-21}$$

很明显，如果考虑到辐出度 M 是频率 ν 的连续函数，则光子辐出度 M_q 是一个复杂的积分：

$$M_q=\int_0^{\infty}M_{q\lambda}\mathrm{d}\lambda=\int_0^{\infty}\frac{M_\nu}{h\nu}\mathrm{d}\nu \tag{2-22}$$

仿此，还可以定义其他光子辐射量和光谱光子辐射量。

2.4　朗伯余弦定律和漫辐射源的辐射特性

红外辐射源包括：标准辐射源，一般有能斯特灯、硅碳棒、绝对黑体等；工程用辐射源，有白炽灯、红外灯泡、棒状、板状辐射器、定向发射的激光器；自然辐射源，有天体、地面背景、大气等。

一般的红外辐射源不是定向发射，辐射功率 P 的空间分布不均匀，具有较复杂的角分布，在公式 $M=\int L\cos\theta \mathrm{d}\Omega$ 中，L 与 θ 的函数关系不清楚就很难求出 M。特殊辐射源是漫辐射源（朗伯源），遵从朗伯余弦定律。

2.4.1　朗伯余弦定律

如图 2.7 所示，对于镜面反射，反射具有很好的方向性。对于漫辐射体，就看不到此现

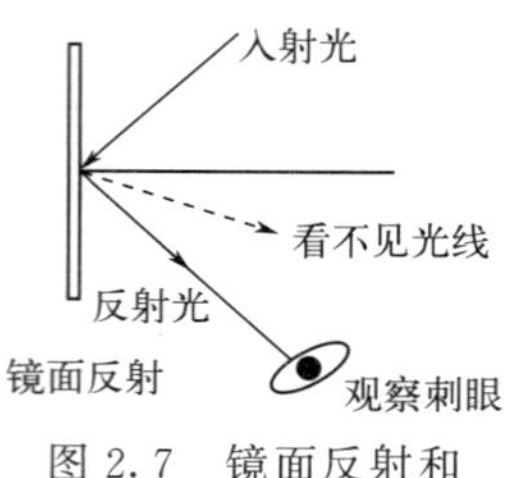

图 2.7 镜面反射和漫反射区别

象。这就表明：漫辐射源在空间的分布与镜面反射不同，它遵从一种新的规律。

在理想情况下，辐射的空间分布由式（2-23）描述（该公式由大量的实验得出）：

$$\Delta^2 P = B\cos\theta \Delta A \Delta\Omega \tag{2-23}$$

式中，B 为与方向角 θ 无关的比例常数。

理想漫辐射源单位表面积向空间指定方向（如观测方向）单位立体角内发射（或反射）的辐射功率和该指定方向与表面法线夹角的余弦成正比，这就是所谓的朗伯余弦定律。

除了漫反射体以外，对于某些自身发射的辐射源，其辐射分布也遵从朗伯余弦定律。这样的辐射源（包括漫反射体）统称为漫辐射源或朗伯源。虽然朗伯源是个理想化的概念，但是实践中遇到的许多辐射源，在一定范围内都十分接近朗伯余弦定律的辐射规律。例如：

① 黑体辐射——是一个理想的朗伯源。

② 大多数电绝缘体——观察角$<60°$时，基本符合朗伯源。

③ 导电材料——在工程设计中，当观察角$<50°$时，基本符合朗伯源。

2.4.2 漫辐射源的辐射特性

作为朗伯余弦定律的推论，现在讨论理想漫辐射源的辐射特性，并给出漫辐射源各辐射量之间的简单关系。

(1) 漫辐射源的辐亮度

因为 $\Delta^2 P = B\cos\theta \Delta A \Delta\Omega$，所以 $B = \dfrac{\Delta^2 P}{\Delta A \Delta\Omega \cos\theta}$。

根据 L 的定义式有：

$$L = \lim_{\Delta A \to 0 \Delta\Omega \to 0} \frac{\Delta^2 P}{\cos\theta \Delta A \Delta\Omega} = B \tag{2-24}$$

这表明，理想漫辐射源的辐亮度 L 是一个与方向无关的常数。

(2) 漫辐射源辐亮度与辐出度的关系

因为 $M = \dfrac{\mathrm{d}P}{\mathrm{d}A} = \int_{(2\pi)} L\cos\theta \mathrm{d}\Omega$，若不知道 L 与方向角 θ 的明显函数关系，则很难由 L 计算出 M。但是，对于漫辐射源这种特殊情况而言，其辐亮度与方向无关，所以 $M = L\int_{(2\pi\text{球面度})} \cos\theta \mathrm{d}\Omega$，利用球坐标，有立体角元 $\mathrm{d}\Omega = \sin\theta \mathrm{d}\theta \mathrm{d}\phi$，$\mathrm{d}V = r^2 \sin\theta \mathrm{d}\theta \mathrm{d}\phi \mathrm{d}r$，则

$$\begin{aligned} M &= L\int_{(2\pi\text{球面度})} \cos\theta \mathrm{d}\Omega \\ &= L\int_0^{2\pi} \mathrm{d}\phi \int_0^{\pi/2} \cos\theta \sin\theta \mathrm{d}\theta = 2\pi L \int_0^{\pi/2} \sin\theta \mathrm{d}(\sin\theta) = \pi L \end{aligned} \tag{2-25}$$

所以，

$$M = \pi L \text{ 或 } L = \frac{M}{\pi} \tag{2-26}$$

利用这个关系可使辐射量的计算大大简化。

(3) 小面源的 I、L 和 M 的相互关系

如图 2.8 所示，对于 ΔA 很小的辐射源，可以认为 ΔA 上各点的 L 值为常数，即可近似地认为遵从朗伯余弦定律。

在 ΔA 上取面积元 dA，在与法线成 θ 角的方向取立体角元 $d\Omega$

因为 $L=\dfrac{d^2 p}{dA\,d\Omega\cos\theta}$，所以在 $d\Omega$ 内发射的辐射功率 $d^2P=L\cos\theta d\Omega\Delta A$。

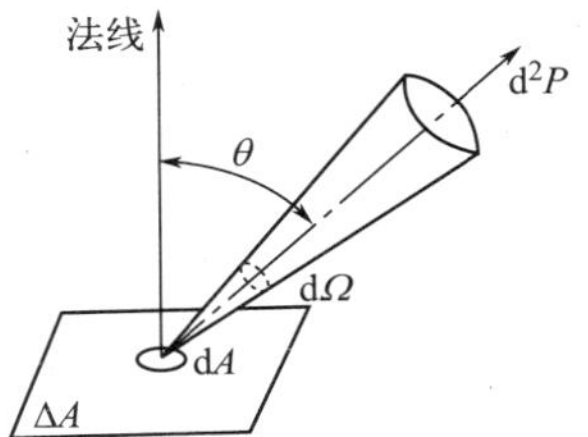

图 2.8　小面源的辐射

对面积元积分，得到整个小面积 ΔA 在 θ 方向的立体角元 $d\Omega$ 内发射的辐射功率为

$$dP=\int_{(\Delta A)} d^2P=\int_{(\Delta A)} dA(L\cos\theta d\Omega)=L\cos\theta d\Omega\Delta A \tag{2-27}$$

$$\frac{dP}{d\Omega}=L\cos\theta\Delta A=I \tag{2-28}$$

利用 $M=\pi L$，得到小面源的辐射量间有如下关系：

$$I=L\cos\theta\Delta A=\frac{M}{\pi}\Delta A\cos\theta \tag{2-29}$$

应特别注意，I 与该小面源的投影面积（$\Delta A\cos\theta$）成正比，对于大面积的扩展源，上式不适用。

另外，对于遵守朗伯余弦定律的给定辐射源而言，因为 L、ΔA 和 M 都是常数，如果设 $L\Delta A=\dfrac{M}{\pi}\Delta A=I_0=$常数，则

$$I=I_0\cos\theta \tag{2-30}$$

这是朗伯余弦定律的另一种表达式，即漫辐射源的辐射强度与观测方向相对于表面法线夹角的余弦成正比。

(4) 理想漫反射体辐亮度与辐照度的关系

理想漫反射体：不论辐射功率从何方向入射，它都把入射的全部辐射功率毫无吸收或透射地按朗伯余弦定律反射出去。即单位面积发射的辐射功率等于入射到表面单位面积上的辐射功率，以公式表示为式（2-31）：

$$M=E=\pi L,\quad L=\frac{E}{\pi} \tag{2-31}$$

这个结论在红外系统工程中用于计算一些特殊背景反射辐射的影响是十分方便的。

2.5 辐射量计算举例

这一部分同样暂不考虑辐射在传输过程中的衰减。

2.5.1 点源向圆盘发射的辐射功率

如图 2.9 所示，设有半径为 R_c 的圆盘，点源 S 在圆盘的中心法线上，距圆盘中心距离为 l_0，点源辐射强度为 I。现在计算该点源发射到圆盘的辐射功率。

分析：

从 E 入手，计算圆盘上接收的总辐射功率 $P=EA$。由辐射照度的定义可以知道 $E=\dfrac{\mathrm{d}P}{\mathrm{d}A}$，$E$ 与被照面的位置有关，即 $E=\dfrac{I\cos\theta}{l^2}$，自点源 S 向圆盘上某一小面源 $\mathrm{d}A$ 上发射的辐射功率为

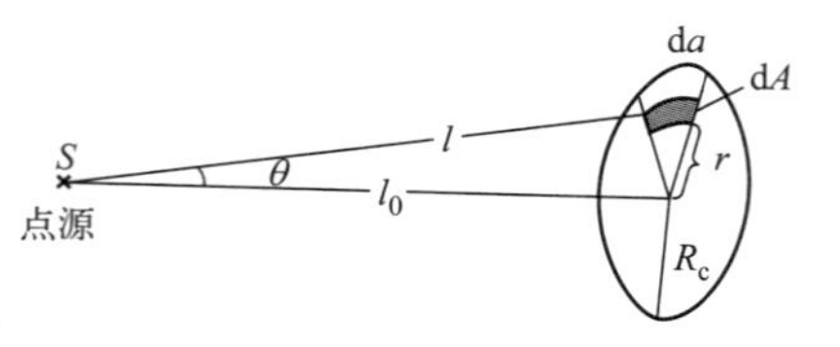

图 2.9 点源向圆盘辐射

$$\mathrm{d}P=E\mathrm{d}A=\frac{I\cos\theta\mathrm{d}A}{l^2}$$

又因为 $\cos\theta=\dfrac{l_0}{l}=\dfrac{l_0}{(r^2+l_0^2)^{1/2}}$，$\mathrm{d}A=r\mathrm{d}a\mathrm{d}r$，代入式（2-32），有 $\mathrm{d}P=\dfrac{I\cos\theta}{l^2}\mathrm{d}A=\dfrac{Il_0}{(r^2+l_0^2)^{3/2}}r\mathrm{d}r\mathrm{d}a$。对 r 和 a 积分后得到圆盘接收到的辐射功率为

$$P=\int\mathrm{d}P=Il_0\int_0^{2\pi}\mathrm{d}a\int_0^{R_c}\frac{r\mathrm{d}r}{(r^2+l_0^2)^{3/2}}=2\pi I\left\{1-\left[1+\left(\frac{R_c}{l_0}\right)^2\right]^{-1/2}\right\} \tag{2-32}$$

2.5.2 小面源产生的辐照度

从一个小面积源发射到有限面积上的辐射量的计算，具有重要的现实意义。在实际应用中，总是让红外探测器或光学系统对着一定距离上的辐射源接收辐射。若光源尺寸与接收距离相比小得多时，可视为小面源处理，探测器表面或光学系统的接收孔径就是被照表面。

设小面源的面积为 ΔA_s，辐亮度为 L，因为 ΔA_s 很小，故可作为点源。小面源的辐射如图 2.10 所示。

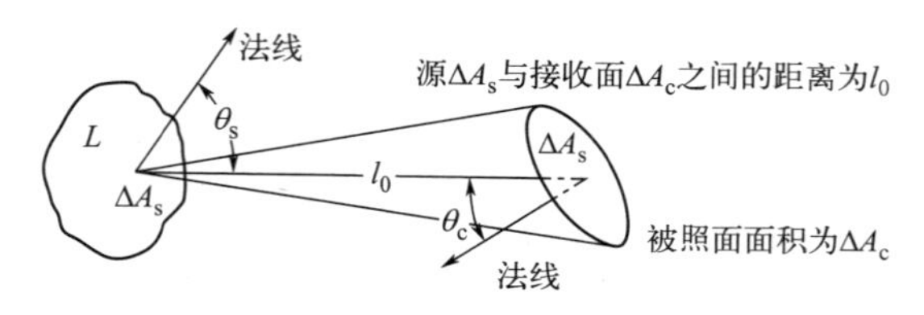

图 2.10 小面源的辐射

小面源辐射强度：

$$I=L\Delta A_s\cos\theta_s \tag{2-33}$$

式中，θ_s 是观测方向与源法线之间的夹角。则在接收面上产生的辐照度为

$$E=\frac{I\cos\theta_{c}}{l_{0}^{2}} \tag{2-34}$$

式中，θ_{c} 是接收面法线方向与入射方向之间的夹角。将式（2-33）代入式（2-34）得到

$$E=\frac{I\cos\theta_{c}}{l_{0}^{2}}=L\Delta A_{s}\frac{\cos\theta_{s}\cos\theta_{c}}{l_{0}^{2}} \tag{2-35}$$

如果是朗伯辐射源，则有 $M=\pi L$，得到

$$E=\frac{M\Delta A_{s}}{\pi}\times\frac{\cos\theta_{s}\cos\theta_{c}}{l_{0}^{2}} \tag{2-36}$$

同理，相应的光谱辐射量关系为

$$E_{\lambda}=L_{\lambda}\Delta A_{s}\frac{\cos\theta_{s}\cos\theta_{c}}{l_{0}^{2}}=\frac{M_{\lambda}\Delta A_{s}}{\pi}\times\frac{\cos\theta_{s}\cos\theta_{c}}{l_{0}^{2}} \tag{2-37}$$

由 $P=E\Delta A_{c}$ 可得到 ΔA_{c} 上接收的功率

$$P=L\Delta A_{s}\Delta A_{c}\frac{\cos\theta_{s}\cos\theta_{c}}{l_{0}^{2}}=\frac{M}{\pi}\Delta A_{s}\Delta A_{c}\frac{\cos\theta_{s}\cos\theta_{c}}{l_{0}^{2}} \tag{2-38}$$

2.5.3 均匀大面积朗伯扩展源产生的辐照度

假如有一个均匀大面积朗伯扩展源（如红外装置面对的天空背景），如图 2.11 所示，其各处的辐亮度 L 均相同。现计算该扩展源在面积为 A_{d} 的探测器表面上产生的辐照度。

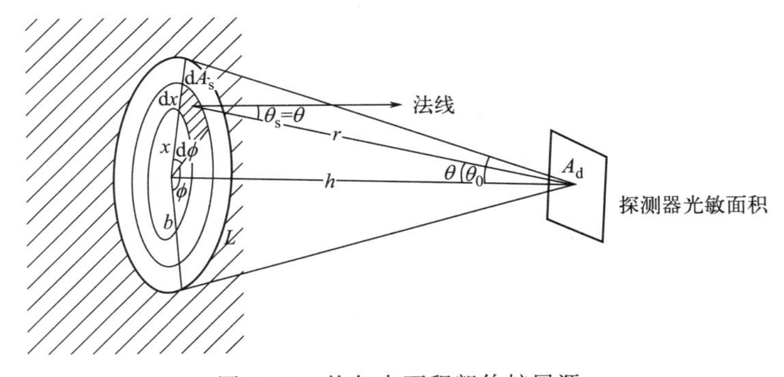

图 2.11　均匀大面积朗伯扩展源

已知：朗伯源的辐亮度为 L，圆盘的半径为 b，探测器的光敏面积为 A_{d}，两面平行，相距为 h，探测器的半视场角为 θ_{0}。

分析思路：大面源分割成小面源，考虑小面源在 A_{d} 上辐照度，然后设法积分。

取圆环状面积元 $dA_{s}=x\,dx\,d\phi$，因为对 dA_{s} 与 A_{d} 来说相当于小面源计算问题，所以小面源 dA_{s} 在探测器光敏面上产生的辐照度为

$$E=\frac{L\Delta A_{s}\cos\theta_{s}\cos\theta_{c}}{l_{0}^{2}} \tag{2-39}$$

又因为两面平行，故 $\theta_{s}=\theta_{c}=\theta$，$\Delta A_{s}=dA_{s}=x\,dx\,d\phi$，$l_{0}=r$，从这个环状面积源上发出的辐射在探测器表面上产生的辐照度为

$$\mathrm{d}E = L\frac{\cos^2\theta}{r^2}x\,\mathrm{d}x\,\mathrm{d}\phi \tag{2-40}$$

又 $r=h/\cos\theta$，$x=h\tan\theta$，$\mathrm{d}x=\dfrac{h}{\cos^2\theta}\mathrm{d}\theta$，所以

$$\mathrm{d}E = L\frac{\cos^2\theta}{\dfrac{h^2}{\cos^2\theta}}\times h\frac{\sin\theta}{\cos\theta}\times\frac{h}{\cos^2\theta}\mathrm{d}\theta\mathrm{d}\phi = L\sin\theta\cos\theta\mathrm{d}\theta\mathrm{d}\phi \tag{2-41}$$

对 ϕ 从 $0\sim2\pi$ 积分，对 θ 从 $0\sim\theta_0$ 积分，则得到在 $2\theta_0$ 视场角内，大面积源在探测器表面上产生的辐照度为

$$E=\int\mathrm{d}E = L\int_0^{2\pi}\mathrm{d}\phi\int_0^{\theta_0}\sin\theta\cos\theta\mathrm{d}\theta = \pi L\sin^2\theta_0 = M\sin^2\theta_0 \tag{2-42}$$

由此可见，扩展朗伯源在探测器上产生的辐照度，在充满视场的情况下，E 与 $L\sin^2\theta_0$ 或 $M\sin^2\theta_0$ 成正比，而与距离无关。若半视场角 $\theta_0=\dfrac{\pi}{2}$，则 $E=M$，相应的光谱辐照度为：

$$E_\lambda = \pi L_\lambda\sin^2\theta_0 = M_\lambda\sin^2\theta_0 \tag{2-43}$$

下面我们讨论扩展源作为点源近似时，产生的误差估计。

因为 $\sin^2\theta_0=\dfrac{b^2}{h^2+b^2}=\dfrac{b^2}{h^2}\times\dfrac{1}{1+(b/h)^2}$，包含在探测器视场范围内的源面积 $A_s=\pi b^2$，又因为 $E=\pi L\sin^2\theta_0=\pi L\dfrac{b^2}{h^2}\times\dfrac{1}{1+(b/h)^2}=\dfrac{LA_s}{h^2}\times\dfrac{1}{1+\dfrac{b^2}{h^2}}$，若 A_s 视为点源，则 $b\approx0$，$E_0=\dfrac{LA_s}{h^2}$，则相对误差：

$$\frac{E-E_0}{E}=\frac{\dfrac{LA_s}{h^2}\left(\dfrac{1}{1+\dfrac{b^2}{h^2}}-1\right)}{\dfrac{LA_s}{h^2}\left(\dfrac{1}{1+\dfrac{b^2}{h^2}}\right)}=\left(\frac{b}{h}\right)^2=\tan^2\theta_0 \tag{2-44}$$

很显然，如果 $\dfrac{b}{h}\leqslant\dfrac{1}{10}$，即当 $h\geqslant10b$（或 $\theta_0\leqslant5.7°$）时，相对误差 $(E-E_0)/E\leqslant1\%$。

所以，如果源的线度（最大尺寸的一半）小于或等于源与被照面距离的 $\dfrac{1}{10}$，或源对探测的张角（半视场角 θ_0）$\theta_0\leqslant5.7°$ 时，将扩展源作为点源处理所得到的 E_0 与精确计算的 E 值相对误差将小于 1%。

2.6 辐射在传输媒质中的衰减

为了讨论辐射量的概念和计算方法，前面讨论问题时我们没有考虑介质（即媒质）的衰

减对辐射传输的影响。事实上，辐射源出射的辐射都会受到所在介质、光学系统等产生的反射、散射和吸收等的影响，从而在传输中产生衰减，只有部分辐射功率通过介质到达了探测器。下面我们将讨论辐射在介质中的衰减。

辐射在介质中衰减示意图如图 2.12 所示。根据测量结果不做衰减修正时计算出来的辐射量，称为源的表观辐射量。只有在计算中对测量结果做了满意的修正，即考虑媒质对辐射传输的影响之后，得到的结果才能称为源的辐射功率、辐射强度。即，实测的是表观量，必须对结果加以修正才是真正的辐射量。

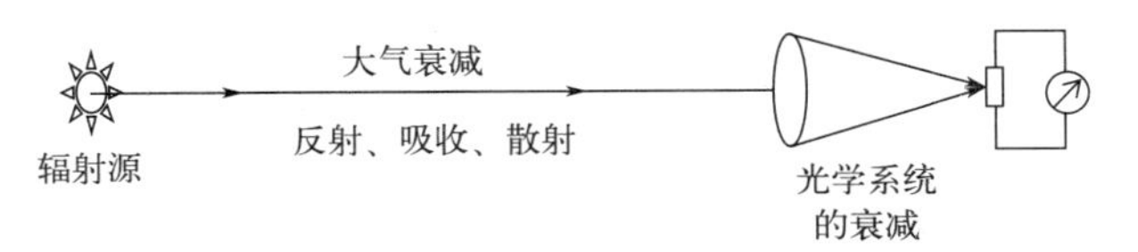

图 2.12　辐射在介质中衰减示意图

2.6.1　反射比、吸收比、透射比

设想功率为 P_i 的入射辐射束投射到某半透明样品表面上，其中一部分辐射功率 P_ρ 被表面反射，一部分 P_α 被媒质内部吸收，还有一部分 P_τ 从媒质中透射过去，如图 2.13 所示。

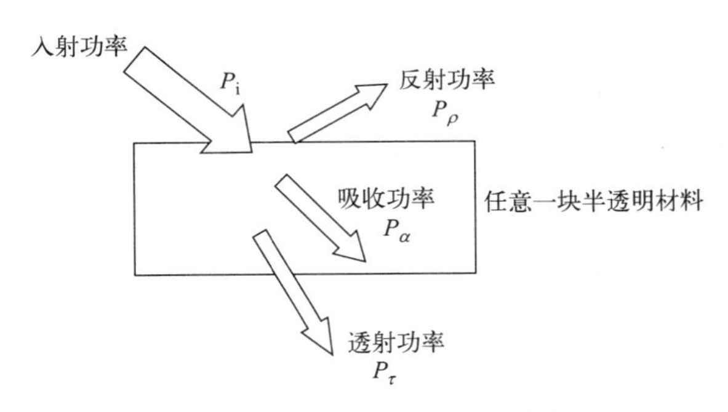

图 2.13　入射辐射束在介质中的反射、吸收和散射

根据能量守恒，必有 $P_i=P_\rho+P_\alpha+P_\tau$，因此得到：

$$1=\frac{P_\rho}{P_i}+\frac{P_\alpha}{P_i}+\frac{P_\tau}{P_i} \tag{2-45}$$

如果在全波段定义反射比 $\rho=P_\rho/P_i$，吸收比 $\alpha=P_\alpha/P_i$，透射比 $\tau=P_\tau/P_i$。所以有

$$\rho+\alpha+\tau=1 \tag{2-46}$$

如果投射到样品上的辐射是波长为 λ 的单色辐射，即 $P_i=P_{\lambda i}\mathrm{d}\lambda$，则反射、吸收和透射的辐射功率也是单色的，并可分别表示为

$$P_\rho=P_{\lambda\rho}\mathrm{d}\lambda \quad P_\alpha=P_{\lambda\alpha}\mathrm{d}\lambda \quad P_\tau=P_{\lambda\tau}\mathrm{d}\lambda$$

由此得到

$$\text{光谱反射比}\quad \rho(\lambda)=P_{\lambda\rho}/P_{\lambda i}$$

$$光谱吸收比 \quad \alpha(\lambda)=P_{\lambda\alpha}/P_{\lambda i}$$

$$光谱透射比 \quad \tau(\lambda)=P_{\lambda\tau}/P_{\lambda i}$$

式中，$\rho(\lambda)$、$\alpha(\lambda)$、$\tau(\lambda)$都是波长的函数，对给定的波长λ，满足关系式

$$\rho(\lambda)+\alpha(\lambda)+\tau(\lambda)=1 \tag{2-47}$$

若入射的辐射是全辐射功率$P_i=\int_0^{\infty}P_{\lambda i}\mathrm{d}\lambda$，则有全反射比与光谱比关系$\rho=\frac{P_\rho}{P_i}=\frac{\int_0^{\infty}\rho(\lambda)P_{\lambda i}\mathrm{d}\lambda}{\int_0^{\infty}P_{\lambda i}\mathrm{d}\lambda}$，全吸收比与光谱吸收比关系$\alpha=\frac{P_\alpha}{P_i}=\frac{\int_0^{\infty}\alpha(\lambda)P_{\lambda i}\mathrm{d}\lambda}{\int_0^{\infty}P_{\lambda i}\mathrm{d}\lambda}$，全透射比与光谱透射比关系$\tau=\frac{P\tau}{P_i}=\frac{\int_0^{\infty}\tau(\lambda)P_{\lambda i}\mathrm{d}\lambda}{\int_0^{\infty}P_{\lambda i}\mathrm{d}\lambda}$。

对某一波段，例如$\lambda_1\sim\lambda_2$，将积分限换成从λ_1到λ_2，就可以定义在光谱带之间的相应量。注意：物体的ρ、α、τ的定义与测量常常会出现很复杂的情况。

反射比：
- 对简单的单一镜面的反射意义明确、易于测量。
- 对一个漫辐射面，或内部有散射的部分透明体，就不易确定ρ。
- 因为不易明确地区分反射、散射和透射的辐射功率。
- 在反射面不止一个的情况下，将更加复杂。

透射比：
- 均匀无散射媒质的透射比的意义很明确，也容易测量。
- 当表面有漫辐射或媒质有内部散射时，τ不易确定。

吸收比：
- 当ρ、α、τ确定，因$1-\rho-\tau=\alpha$，很容易确定α。
- 当表面有漫辐射和媒质有内部散射时，α不易确定。

在考虑上述各量时，若样品存在自发辐射，尤其是温度高时，则在测试中必须给予扣除。

总之，物体的ρ、α、τ与物体样品的性质、状态、测量条件密切相关。因此，实际测量和计算时都需要进行详细的说明和修正。

2.6.2 容易混淆的几个概念

在许多文献中，经常使用反射率（reflectivity）、吸收率（absorptivity）和透射率（transmissivity），这些概念与上述的反射比（reflectance）、吸收比（absorptance）及透射比（transmittance）是有严格区别的。

(1) 反射比与反射率

① 反射比：是对于给定的样品测量的P_ρ/P_i之比，表征特定样品的性质的量。同种材料的不同样品，测出的反射比可能因辐射在样品内多次反射的程度不同而异。

② 反射率：是表征一类材料固有性质的一个量。是在标准条件下（即表面光学光滑、无内反射、厚得足以不透明）测出的反射比。因此，反射率是反射比的特殊情况。

由于反射率只考虑样品单独一个前表面的贡献，所以通常反射率的数值总要小于反射比的测量值。

(2) 吸收比与吸收率

① 吸收比：吸收比也是给定样品的性质。它是特定样品 $\alpha=P_\alpha/P_i$。

② 吸收率：它表征一类材料的基本性质，是标准样品条件下辐射在样品中传播时单次行程的吸收比。吸收率是吸收比的一种特殊情况。

(3) 透射比与透射率

① 透射比：$\tau=P_\tau/P_i$，包括内反射的透射。

② 透射率：无内反射，一次行程中的透射比。透射率是一类材料的基本性质。

此外，文献中经常使用反射（reflection）、吸收（absorption）和投射（transmission）这些术语，专门用来表示辐射与物质的作用或过程，而不表示样品或材料的性质。

2.6.3 吸收比与吸收系数

① 吸收比：$\alpha=P_\alpha/P_i$，$0<\alpha<1$，无量纲数值。

② 吸收系数：

如图 2.14 所示，若媒质是无吸收的均匀介质，则辐射在传输中既不会被介质吸收，也不会在介质内扩散或集中，因此在垂直于传播路程上任一点的截面内，单位面积上的 P 数值不变。

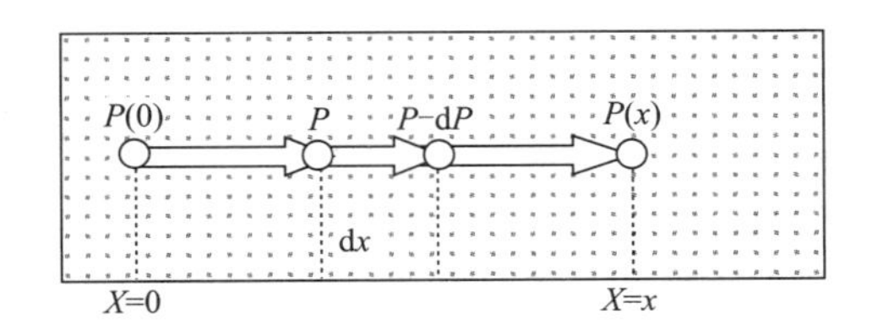

图 2.14　平行辐射束在介质中的传输情况

若媒质内有吸收，P 传播 $\mathrm{d}x$ 距离（不考虑散射）时 P 减少 $\mathrm{d}P$。

实验证明：因媒质吸收引起的 P 减少量的相对值 $\mathrm{d}P/P$，与辐射在媒质内传播的距离 $\mathrm{d}x$ 成正比，于是有

$$-\frac{\mathrm{d}P}{P}=\alpha\mathrm{d}x,\quad 即\ -\frac{\mathrm{d}P}{P}/\mathrm{d}x=\alpha \tag{2-48}$$

式中，α 称为材料的吸收系数；负号表示 $\mathrm{d}P$ 是从 P 中减少的量值。

即：α 为在媒质中传播单位距离时辐射功率衰减（被吸收）的相对值，是个有量纲的量。当距离的单位是 m 时，α 的单位是 m^{-1}。$0<\alpha$，α 越大吸收越严重。

(1) 吸收定律

因为 $-\frac{\mathrm{d}P}{P}=\alpha\mathrm{d}x$，所以 $\frac{\mathrm{d}P}{P}=-\alpha\mathrm{d}x$，积分有

$$\int_{P(0)}^{P(x)} \frac{dP}{P} = \int_0^x -\alpha dx$$

于是得到

$$P(x)=P(0)\exp(-\alpha x) \quad 或 \quad P(x)=P(0)e^{-\alpha x} \tag{2-49}$$

式（2-49）称为吸收定律。α 越大，吸收越严重，按指数规律衰减，当 $x=\frac{1}{\alpha}$ 时，$P(x)=P(0)/e$。常用此式定义吸收系数。由于纯吸收使辐射在媒质内衰减到 1/e 时，传播距离的倒数值叫作吸收系数。

（2）光谱吸收定律

材料的吸收系数 α 一般与辐射波长 λ 有关，$\alpha(\lambda)$称为光谱吸收系数。对于光谱辐射功率 P_λ，可以把吸收定律写作

$$P_\lambda(x)=P_\lambda(0)\exp[-\alpha(\lambda)x] \tag{2-50}$$

（3）内透射比

在介质内传播 x 距离后，透过去的功率与原入射功率之比值（即透过去的功率占原辐射功率的百分数）

$$\tau_i(\lambda)=\frac{P_\lambda(x)}{P_\lambda(0)}=\frac{P_\lambda(0)\exp[-\alpha(\lambda)x]}{P_\lambda(0)}=\exp[-\alpha(\lambda)x] \tag{2-51}$$

（4）比尔定律

研究吸收时，往往用吸收单元来讨论。在一定条件下，每个吸收单元的吸收程度与吸收元的浓度无关。因此，吸收系数正比于单位程长上遇到的吸收元数目，即正比于这些吸收元的浓度 n_α：

$$\alpha(\lambda)=k(\lambda)n_\alpha \tag{2-52}$$

式（2-52）称为比尔（Beer）定律，式中 $k(\lambda)$表征媒质单位浓度的吸收系数，因为它有面积的量纲，所以又称 $k(\lambda)$为媒质的吸收截面。关于 $k(\lambda)$与浓度 n_α 无关的假设，在某些情况下不适用，如改变浓度可能改变吸收分子的本质，或引起吸收分子间相互作用的变化等。

2.6.4 散射系数和衰减系数

引起衰减的原因无非就是介质内的原子或分子吸收了入射辐射，转变成其他形式的能，或是改变辐射方向，削弱了原方向上的辐射散射。

如图 2.15 所示，设有一平行单色辐射束（功率为 $P_{\lambda i}$）入射到包含许多微粒质点的非均匀媒质上，因媒质内微粒的散射作用，一部分辐射偏离原来的传播方向。经过 dx 距离后，继续在原方向传播的辐射功率（即透射功率）为 $P_{\lambda\tau}$，则衰减量 $dP_\lambda=P_{\lambda i}-P_{\lambda\tau}$。实验证明：辐射功率因散射而衰减的相对值，与在媒质中通过的距离 dx 成正比，即

$$-\frac{dP_\lambda}{P_{\lambda i}}=\gamma(\lambda)dx \tag{2-53}$$

式中，$\gamma(\lambda)$称为光谱散射系数（与散射元的大小、数目及媒质的性质有关）。其中的负号表示 dP_λ 是减小的量。

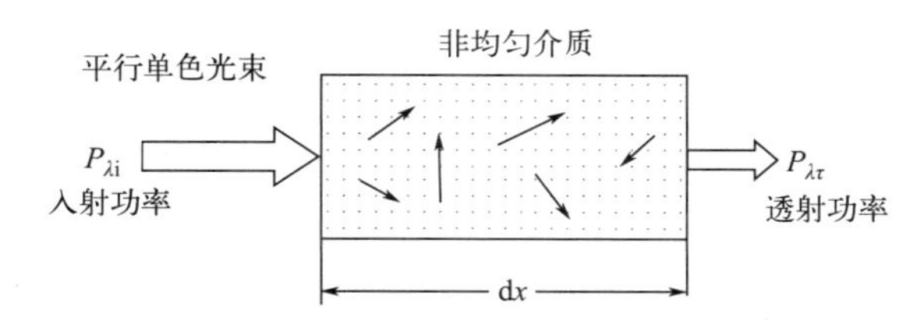

图 2.15　平行光束在介质中的衰减

引入散射元浓度 n_γ，则：

$$\gamma(\lambda)=\sigma(\lambda)n_\gamma \tag{2-54}$$

式中，$\sigma(\lambda)$为单位浓度的光谱散射系数，因具有面积的量纲，所以称为散射截面。

仅考虑散射时，将式（2-53）从 0 到 x 积分，则得到

$$\begin{aligned}P_\lambda(x)&=P_\lambda(0)\exp[-\gamma(\lambda)x]\\&=P_\lambda(0)\exp[-\sigma(\lambda)n_\gamma x]\end{aligned} \tag{2-55}$$

与吸收定律类似，媒质散射也使辐射按指数规律衰减。如果吸收和散射同时存在，入射传播 x 距离后，透射功率为

$$P_{\lambda\tau}(x)=P_{\lambda i}(0)\exp\{-[\alpha(\lambda)+\gamma(\lambda)]x\}=P_{\lambda i}(0)\exp[-\beta(\lambda)x] \tag{2-56}$$

式（2-56）称为朗伯定律，式中，$\beta(\lambda)=\alpha(\lambda)+\gamma(\lambda)$，称为媒质的衰减系数。

因为 $\alpha(\lambda)=k(\lambda)n_\alpha$，$\gamma(\lambda)=\sigma(\lambda)n_\gamma$，所以

$$P_{\lambda\tau}(x)=P_{\lambda i}(0)\exp\{-[k(\lambda)n_\alpha+\sigma(\lambda)n_\gamma]x\} \tag{2-57}$$

这就是所谓的朗伯-比尔定律。

这个定律的重要应用之一是用红外吸收法做混合气体组分的定量分析，即该定律是红外气体分析仪的实现原理。

2.6.5　衰减媒质的透射

设有功率为 $P_{\lambda i}$ 的平行辐射束在有两个表面的媒质穿过，设两个界面的透射率分别为 $\tau_1(\lambda)$和 $\tau_2(\lambda)$，则：

$$P_\lambda(0)=\tau_1(\lambda)P_{\lambda i} \tag{2-58}$$

如图 2.16 所示，若只考虑在界面（2）上的第一次透射，即不考虑在界面（2）与界面（1）之间的每次来回反射所产生的其余各次透射，则 $P_{\lambda\tau}=\tau_2(\lambda)P_\lambda(x)$。

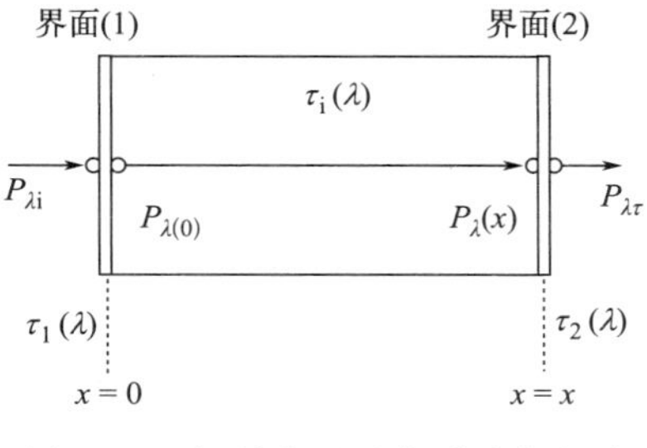

图 2.16　辐射在通过介质时的衰减

如果定义 $\tau_i(\lambda)=\dfrac{P_\lambda(x)}{P_\lambda(0)}$为媒质的内部透射率，则媒质的总透射率为

$$\tau(\lambda)=\frac{P_{\lambda\tau}}{P_{\lambda i}}=\frac{P_\lambda(x)\tau_2(\lambda)}{P_{\lambda i}}=\frac{P_\lambda(0)\tau_i(\lambda)\tau_2(\lambda)}{P_{\lambda i}}$$

$$=\frac{P_{\lambda i}\tau_1(\lambda)\tau_i(\lambda)\tau_2(\lambda)}{P_{\lambda i}}=\tau_1(\lambda)\tau_i(\lambda)\tau_2(\lambda) \tag{2-59}$$

又因为 $\tau_i(\lambda)=\dfrac{P_\lambda(x)}{P_\lambda(0)}=\exp[-\beta(\lambda)x]$，所以

$$\tau(\lambda)=\tau_1(\lambda)\tau_2(\lambda)\exp[-\beta(\lambda)x] \tag{2-60}$$

结论：一块材料的透射率 $\tau(\lambda)$ 不是简单地等于它的内部透射率 $\tau_i(\lambda)$，而是等于内部透射率与两个界面透射率 $\tau_1(\lambda)$ 与 $\tau_2(\lambda)$ 的乘积。

上述讨论只考虑了辐射在界面和材料内部的一次通过，故得到的是透射率。但是，当界面（1）和（2）的反射比较大时，辐射将在两个界面之间来回多次反射，每反射一次，在界面（2）均有一部分辐射透射过去。此时的透射比的表达式要复杂得多。

2.6.6 考虑媒质衰减时的辐射计算

（1）点源产生的辐照度

已经得出结论，点源产生的辐照度 $E=\dfrac{I\cos\theta}{l^2}$，若因传输媒质的吸收和散射衰减，使得距离 l 上的透射比为 τ，根据定义式 $\tau_i(\lambda)=\dfrac{P_\lambda(x)}{P_\lambda(0)}$，所以被照面上面积 dA 实际接收到的辐射功率为

$$dP=dP_0\tau=\tau I\,d\Omega=\tau\,\frac{I\cos\theta dA}{l^2} \tag{2-61}$$

则点源在被照面上位置 x 产生的辐照度

$$E=\frac{dP}{dA}=\tau\,\frac{I\cos\theta}{l^2} \tag{2-62}$$

讨论：

① 将不考虑衰减时的辐照度值乘以路程的透射比 τ，就得到考虑衰减修正时的辐照度；

② 因 τ 与传输距离 l 有关，所以当考虑媒质的衰减作用时，点源的辐照度与距离 l 不再是简单的平方反比关系了。

同理，可以写出光谱辐照度为

$$E_\lambda(\theta)=\tau(\lambda)\frac{I_\lambda\cos\theta}{l^2} \tag{2-63}$$

式中，I_λ 和 $\tau(\lambda)$ 分别为点源的光谱辐射强度和传输媒质在距离 l 上的光谱透射比。

（2）实际辐射测量中探测器接收的辐射功率

如图 2.17 所示，设有一个可看作漫辐射源的目标 A_s，光谱辐出度为 $M_\lambda(T)$，与接收系统中面积为 A_0 的入射光瞳相距为 l，源表面上某点和入射光瞳中心连线，与源表面法线及光学系统的轴线夹角分别为 θ_s 和 θ_0。

如果 A_s-A_0 距离足够大，则可把目标当作点源处理。

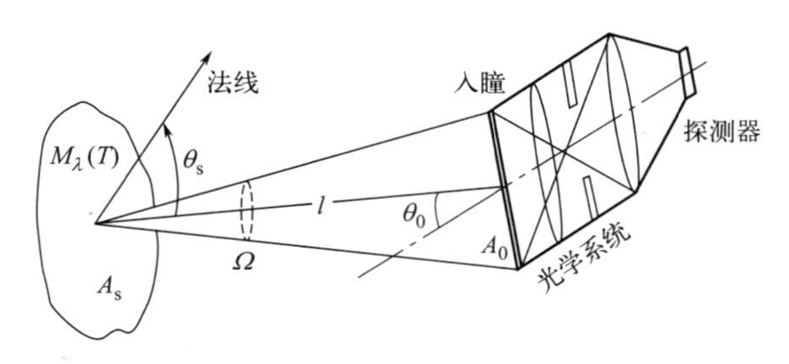

图 2.17 实际测量时目标与探测器示意图

考虑衰减，设 $\tau_\alpha(\lambda)$为大气在距离 l 上的光谱透射比，则目标辐射在入射光瞳上产生的光谱辐照度为：

$$E_\lambda=\tau_\alpha(\lambda)\frac{M_\lambda}{\pi}\times\frac{\cos\theta_0\cos\theta_s}{l^2}A_s \tag{2-64}$$

因为 l 很大（相对），则可以近似认为目标表面上各面积元到入射光瞳的距离 l、角度 θ_s 和 θ_0 不变。所以，在入射光瞳上接收的总辐射功率为

$$P=\mathrm{d}E_\lambda\mathrm{d}A_0=\frac{A_0A_s}{\pi}\times\frac{\cos\theta_0\cos\theta_s}{l^2}\int\tau_\alpha(\lambda)M_\lambda\mathrm{d}\lambda \tag{2-65}$$

讨论：

① 如果光学系统对所有波长的辐射都是100%投射，则式（2-65）给出的是探测器接收的总功率。

② 大多数红外探测系统中都使用具有一定通带的滤光片，加滤光片后，在光谱通带 $\Delta\lambda=\lambda_2\sim\lambda_1$ 内，光学系统的透射比 τ_0 近似为一常数值，而在 $\lambda<\lambda_1$ 和 $\lambda>\lambda_2$ 的波长范围内，$\tau_0=0$，于是真正被探测器接收到的辐射功率为

$$P_{(\Delta\lambda)}=\tau_0\frac{A_0A_s}{\pi}\times\frac{\cos\theta_0\cos\theta_s}{l^2}\int_{\lambda_1}^{\lambda_2}\tau_\alpha(\lambda)M_\lambda\mathrm{d}\lambda \tag{2-66}$$

进一步考虑到探测器的相对光谱响应为 $\gamma_d(\lambda)$，即探测器的响应度随波长变化，则探测器接收的有效辐射功率为

$$P^*_{(\Delta\lambda)}=\tau_0\frac{A_0A_s}{\pi}\times\frac{\cos\theta_0\cos\theta_s}{l^2}\int_{\lambda_1}^{\lambda_2}\tau_\alpha(\lambda)\gamma_d(\lambda)M_\lambda\mathrm{d}\lambda \tag{2-67}$$

由此可见，当把目标看作点源时，探测器接收的有效辐射功率的决定因素有：

① 源本身（A_s、M_λ）；

② 源与接收系统间的传输媒质及相对位置[$\tau(\lambda)$、l、θ_s、θ_c]；

③ 接收系统 [A_0，τ_0，λ_1，λ_2 和 $\gamma_d(\lambda)$]。

如果是一个有效的扩展源，则在入射光瞳上产生的光谱辐照度

$$E_\lambda=M_\lambda\tau_\alpha(\lambda)\sin^2\theta \tag{2-68}$$

探测器接收的有效辐射功率为

$$P^*_{(\Delta\lambda)}=\tau_0A_0\sin^2\theta\int_{\lambda_1}^{\lambda_2}M_\lambda\tau_\alpha(\lambda)\gamma_d(\lambda)\mathrm{d}\lambda \tag{2-69}$$

2.7 辐射功率的测量

辐射计是在宽光谱区间内测量辐射功率的装置。光谱辐射计是在窄光谱区间测量光谱辐射功率的装置。所以辐射计用于宽带测量，而光谱辐射计则用于窄带测量。

图 2.18 为辐射功率测量示意图。

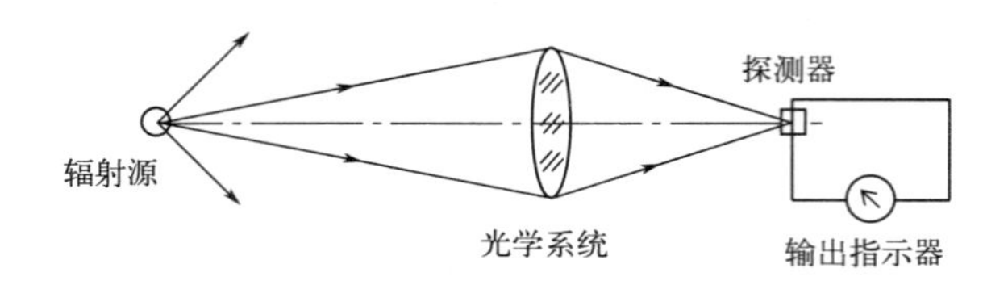

图 2.18 辐射功率测量示意图

从辐射源来的一部分辐射功率，被光学系统接收并聚焦在探测器上，探测器产生一个正比于输入功率的电信号。这种测量必定是在离辐射源一定距离上进行的。辐射计响应于其输入端（光学系统）上的照度，即功率密度。因而，照度是所有辐射计测量的一个基本量。其他如辐射功率、辐射强度和辐射亮度等，全从测量的照度值中计算出来。

图 2.19 为光谱辐射计的原理图。它由两个主要部分组成：产生窄波带辐射的单色仪和测量此辐射功率的辐射计。

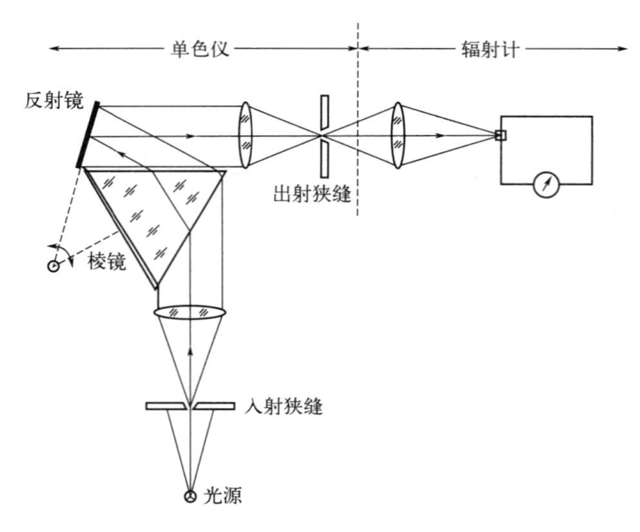

图 2.19 光谱辐射计的原理图

光谱辐射计是测量辐射功率的光谱分布的，即功率的变化是波长的函数。因为这一测量指明了到底哪一个光谱波段对于探测特定辐射源的功率大概是最适宜的，故对系统设计者来说，这类测量十分重要。

2.8　红外辐射的几个定理

2.8.1　立体角投影定理

如图 2.20 所示，小面源的辐射亮度为 L，小面源与被照面的面积分别为 ΔA_s 和 ΔA，两者相距为 l，θ_s 和 θ 分别为 ΔA_s和 ΔA 的法线与 l 的夹角。小面源 ΔA_s 在 θ_s 方向的辐射强度为 $I=L\Delta A_s\cos\theta_s$，则 ΔA_s 在 ΔA 上产生的辐射照度为

$$E=\frac{I\cos\theta}{l^2}=L\times\frac{\Delta A_s\cos\theta_s\cos\theta}{l^2} \tag{2-70}$$

因为 ΔA_s 对 ΔA 所张开的立体角 $\Delta\Omega_s=\Delta A_s\cos\theta_s/l^2$，所以有

$$E=L\Delta\Omega_s\cos\theta \tag{2-71}$$

式（2-71）称为立体角投影定理。其物理意义：ΔA_s 在 ΔA 上产生的辐照度等于 ΔA_s 的辐亮度与 ΔA_s 对 ΔA 所张的立体角以及被照面 ΔA 的法线与 l 的夹角的余弦三者的乘积。

若两者的距离 l 一定，小面源 ΔA_s 的周界一定，则 ΔA_s 在 ΔA 上产生的辐照度与 ΔA_s 的形状无关，如图 2.21 所示。这样就可以使有复杂表面形状的辐射源产生的辐照度的计算变得十分简单和方便。

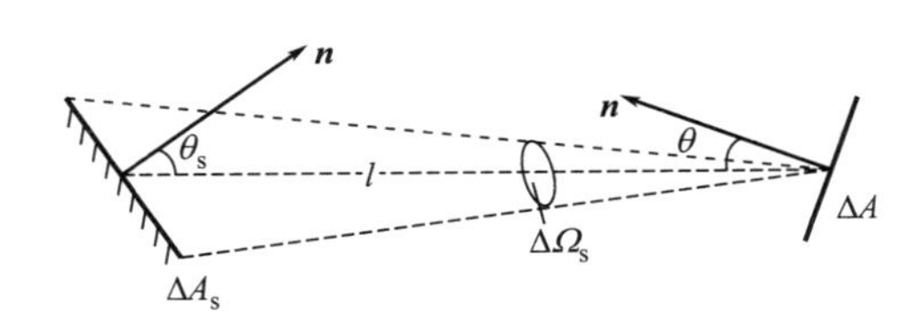

图 2.20　立体角投影定理

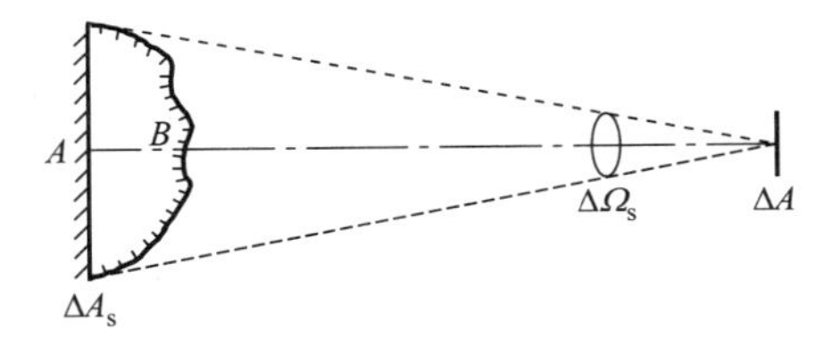

图 2.21　不同形状的辐射源对 ΔA 产生的辐照度

2.8.2　Sumpner 定理

在球形腔内，腔内壁的任一个面积元 dA_1 从另一个面积元 dA_2 所接收的辐射功率与 dA_1 在球面上的位置无关，即球内壁某一面积元辐射的能量均匀照射在球腔内壁，我们称其为 Sumpner 定理，如图 2.21 所示。按辐射亮度定义，dA_1 接收 dA_2 的辐射功率为

$$dP=L\cos\theta dA_2 d\Omega \tag{2-72}$$

式中，L 为腔内壁表面的辐射亮度。若腔内壁表面为理想的朗伯体，则 L 为常数，因为立体角 $d\Omega=dA_1\cos\theta/r^2$，所以，

$$dP=L dA_1 dA_2\frac{\cos^2\theta}{r^2} \tag{2-73}$$

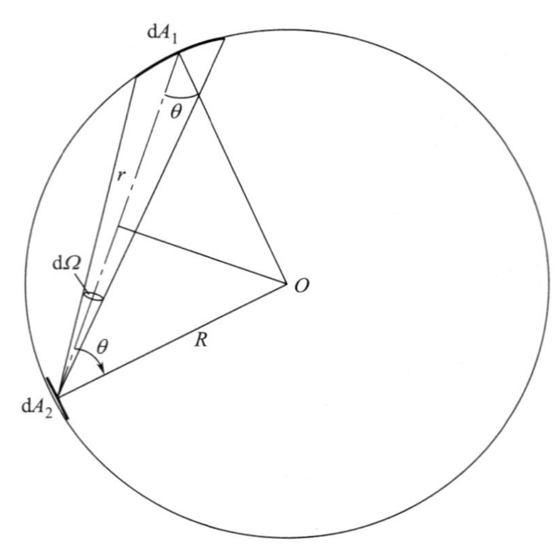

图 2.22 Sumpner 定理

由图 2.22 可知 $\cos\theta=\frac{r/2}{R}$，R 为球腔的半径，则

$$dP=L\,dA_1\,dA_2\,\frac{1}{4R^2} \tag{2-74}$$

因为 L、R 为常数，所以 dA_1 接收 dA_2 的辐射功率 dP 与 dA_1 的位置无关。又因为腔内壁表面为朗伯面，有 $M=\pi L$，腔内壁面积 $A=4\pi R^2$，所以式（2-74）可改写为

$$dP=\frac{M}{\pi}dA_1\,dA_2\,\frac{1}{4R^2}=\frac{M\,dA_1\,dA_2}{A} \tag{2-75}$$

于是，dA_1 单位面积接收的辐射功率，即辐射照度为

$$\frac{dP}{dA_1}=\frac{M\,dA_2}{A}=\text{常数} \tag{2-76}$$

这就证明了 dA_2 的辐射能量均匀地辐照在球形腔内壁。

将 dA_2 推广至部分球面积 ΔA_2，同样 ΔA_2 在球内壁产生的辐射照度也是均匀的。

2.8.3 角系数定理

角系数也称为形状因子，在计算规则几何形状表面的辐射能量传递中，利用角系数可使计算非常方便。

如图 2.23 所示，两个朗伯微表面元 dA_1 和 dA_2，相距为 l，辐射亮度分别为 L_1 和 L_2，两者的法线与 l 的夹角分别为 θ_1 和 θ_2。根据辐射亮度的定义式，由 dA_1 向 dA_2 辐射的功率为

$$dP_{1\to2}=L_1\cos\theta_1\,dA_1\,d\Omega_{2\to1} \tag{2-77}$$

dA_2 对 dA_1 所张的立体角元为 $d\Omega_{2\to1}=\frac{dA_2\cos\theta_2}{l^2}$

所以

$$\mathrm{d}P_{1\to2}=L_1\cos\theta_1\mathrm{d}A_1\frac{\mathrm{d}A_2\cos\theta_2}{l^2}=\frac{M_1}{\pi}\times\frac{\mathrm{d}A_1\cos\theta_1\mathrm{d}A_2\cos\theta_2}{l^2}\tag{2-78}$$

式中，M_1 是 $\mathrm{d}A_1$ 的辐出度。同理，有 $\mathrm{d}A_2$ 向 $\mathrm{d}A_1$ 辐射功率为

$$\mathrm{d}P_{1\to2}=L_2\cos\theta_2\mathrm{d}A_2\frac{\mathrm{d}A_1\cos\theta_1}{l^2}=\frac{M_2}{\pi}\times\frac{\mathrm{d}A_2\cos\theta_2\mathrm{d}A_1\cos\theta_1}{l^2}\tag{2-79}$$

式中，M_2 是 $\mathrm{d}A_2$ 的辐出度。则两个微面元相互传递的净辐射功率为

$$\Delta\mathrm{d}P_{1\to2}=\frac{M_1-M_2}{\pi}\times\frac{\cos\theta_1\cos\theta_2}{l^2}\mathrm{d}A_1\mathrm{d}A_2\tag{2-80}$$

引入角系数的概念，在式（2-78）和式（2-79）中定义

$$\mathrm{d}F_{1\to2}=\frac{\mathrm{d}P_{1\to2}}{M_1\mathrm{d}A_1}=\frac{\cos\theta_1\cos\theta_2}{\pi l^2}\mathrm{d}A_2\tag{2-81}$$

$$\mathrm{d}F_{2\to1}=\frac{\mathrm{d}P_{2\to1}}{M_2\mathrm{d}A_2}=\frac{\cos\theta_2\cos\theta_1}{\pi l^2}\mathrm{d}A_1\tag{2-82}$$

我们称 $\mathrm{d}F_{1\to2}$ 和 $\mathrm{d}F_{2\to1}$ 分别为微面元 $\mathrm{d}A_1$ 向 $\mathrm{d}A_2$ 和 $\mathrm{d}A_2$ 对 $\mathrm{d}A_1$ 的角系数。其物理意义为从一微面元发射，被另一微面元接收的辐射功率与微面元发射的总辐射功率的比值。根据微面元角系数的定义，我们可以得到

$$\mathrm{d}F_{1\to2}\mathrm{d}A_1=\mathrm{d}F_{2\to1}\mathrm{d}A_2\tag{2-83}$$

此即微面元对微面元角系数的互换性关系。

若是朗伯源具有有限的表面积 A_1 和 A_2，A_1 向 A_2 发射的辐射功率为

$$P_{1\to2}=M_1\int_{A_1}\int_{A_2}\frac{\cos\theta_1\cos\theta_2}{\pi l^2}\mathrm{d}A_1\mathrm{d}A_2\tag{2-84}$$

则

$$F_{1\to2}=\frac{P_{1\to2}}{M_1A_1}=\frac{1}{A_1}\int_{A_1}\int_{A_2}\frac{\cos\theta_1\cos\theta_2}{\pi l^2}\mathrm{d}A_1\mathrm{d}A_2\tag{2-85}$$

同理，我们可以得到

$$F_{2\to1}=\frac{P_{2\to1}}{M_2A_2}=\frac{1}{A_2}\int_{A_1}\int_{A_2}\frac{\cos\theta_2\cos\theta_1}{\pi l^2}\mathrm{d}A_1\mathrm{d}A_2\tag{2-86}$$

这时，有限面源的角系数互换性关系为

$$F_{1\to2}A_1=F_{2\to1}A_2\tag{2-87}$$

由上式可以知道，我们只需知道发射表面的辐射总功率以及发射面与接收面之间的角系数，就可以计算出发射面向接收面发射的辐射功率。无论发射面和接收面的形状是什么样的，无论方向的异同、距离远近，只要两个面的角系数确定，就满足角系数互换性关系，这也称为角系数定理。

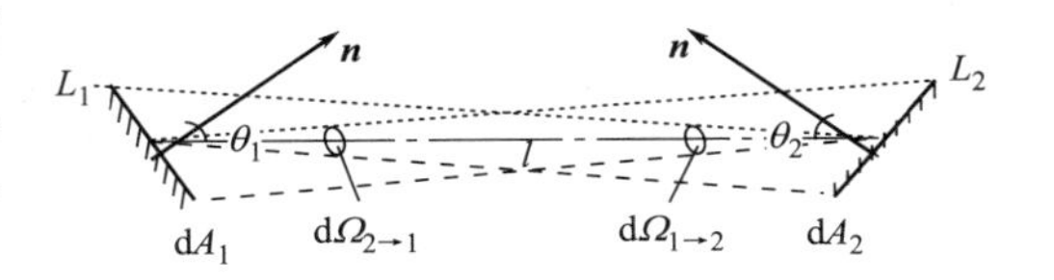

图 2.23　两微元之间的辐射变换

2.8.4 阿贝定律

阿贝定律指辐射在介质中传输时，特别是在无损耗介质中传输时辐射亮度存在的规律。

(1) 辐射在均匀无损耗介质中传播时辐射亮度不变

如图 2.24 所示，一辐射束在均匀无损耗介质中传播，在传播路径上任取 P_1 和 P_2，两点相距为 l，在这两点作面元 dA_1 和 dA_2，面元 dA_1 的辐射亮度为 L_1，则 dA_1 发射并到达 dA_2 的辐射功率为

$$dP_1 = L_1\cos\theta_1 dA_1 d\Omega_1 = L_1\cos\theta_1 dA_1 \frac{dA_2\cos\theta_2}{l^2} \tag{2-88}$$

由于介质无损耗，所以 dA_2 接收到的辐射功率 $dP_2 = dP_1$，假设 dA_2 的辐射亮度为 L_2，按辐射亮度定义可知

$$\begin{aligned} L_2 &= \frac{dP_2}{dA_2 d\Omega_2\cos\theta_2} = \frac{L_1 dA_1\cos\theta_1 (dA_2\cos\theta_2/l^2)}{dA_2 d\Omega_2\cos\theta_2} \\ &= L_1 \frac{dA_1\cos\theta_1 (dA_2\cos\theta_2/l^2)}{dA_2\cos\theta_2 (dA_1\cos\theta_1/l^2)} = L_1 \end{aligned} \tag{2-89}$$

由于 P_1 和 P_2 点是任取的，因此上述结论对一般情况也成立，故辐射在均匀无损耗介质中传播时辐射亮度不变。

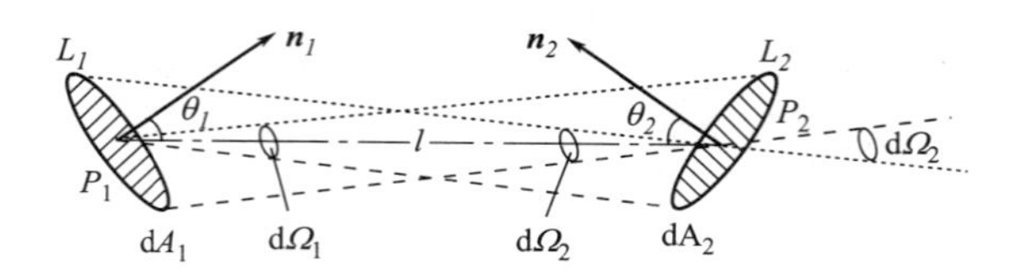

图 2.24 均匀无损耗介质中辐射的传播

(2) 辐射亮度定理

上述讨论是在均匀无损耗介质中进行的，如果在不同介质中会怎样？现将上述结论推广至两种不同介质。定义 $\frac{L}{n^2}$ 为辐射束的基本辐射亮度，其中 n 是介质的折射率。辐射亮度定理基本含义是辐射通过任意无损耗的介质时，辐射束的基本辐射亮度不变。

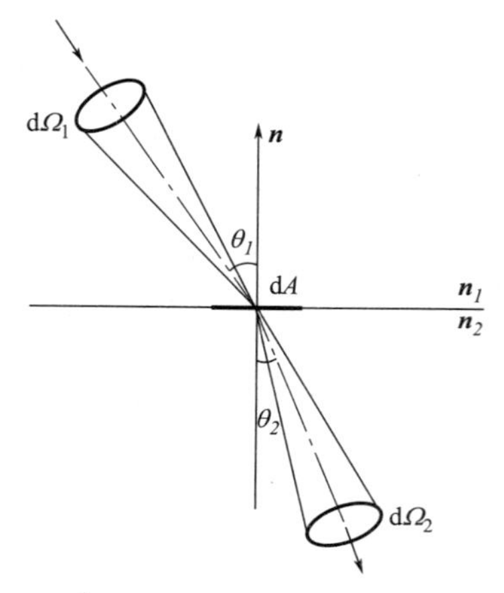

图 2.25 基本辐射亮度守恒

如图 2.25 所示，设两种介质的折射率分别为 n_1 和 n_2，介质无反射，在两介质的交界面取一面元 dA，一束辐射从介质 n_1 进入介质 n_2，辐射亮度为 L_1，与 dA 的法线夹角为 θ_1，此辐射在立体角 $d\Omega_1$ 内入射到 dA 上的辐射功率为

$$d^2P_1 = L_1\cos\theta_1 dA d\Omega_1 \tag{2-90}$$

在介质 n_2 中，因为无损耗，通过 dA 的辐射功率 $d^2P_2 = d^2P_1$，假设 $d^2P_2 = L_2\cos\theta_2 dA d\Omega_2$，考虑到

$$\frac{d\Omega_1}{d\Omega_2}=\frac{\sin\theta_1 d\theta_1 d\varphi_1}{\sin\theta_2 d\theta_2 d\varphi_2} \tag{2-91}$$

根据折射定律，入射线、法线和折射线在同一平面内，所以 $d\varphi_1=d\varphi_2=d\varphi$，且入射角和折射角满足

$$n_1\sin\theta_1=n_2\sin\theta_2 \tag{2-92}$$

对式（2-92）微分得

$$n_1\sin\theta_1 d\theta_1=n_2\sin\theta_2 d\theta_2 \tag{2-93}$$

综合上述关系，我们可得到

$$\frac{L_1}{n_1^2}=\frac{L_2}{n_2^2} \tag{2-94}$$

我们称式（2-94）为阿贝定律。它表明辐射在不同折射率无损耗的介质中传输时，基本辐射亮度不变。因此我们可以推断出在辐射通过光学系统时，在辐射方向上沿视线测量的每一点基本辐射亮度不变。

2.8.5 辐射在反射系统的像

（1）镜反射情况下像的辐射亮度

我们只讨论镜面反射的情况下，光源的辐射亮度与像的辐射亮度的关系。图2.26是反射镜 M 的镜面反射。光源C的辐射亮度为 L，在 P 点反射出去，入射光束的立体角为 $d\Omega$。我们把 P 点看成在该点与 M 相切的平面 M' 上的一个微元 dS。M' 在 P 点的法线 PN 上，从反射光线的方向回看微面元 dS 的辐射亮度即光源像的辐射亮度。

由立体角投影定理可知，光源C在 dS 上的辐射照度为 $E=L d\Omega\cos\theta$。所以，入射在 dS 上的辐射通量为 $dP=E dS=L dS d\Omega\cos\theta$。反射镜的反射率设为 ρ，则反射光束的光通量为 $dP'=\rho dP=\rho L dS\cos\theta d\Omega$，由辐射亮度的定义可以看出，反射光束的辐射通量 dP' 相当于辐射亮度 $L'=\rho L$ 的微面元 dS 在与法线下成 θ 角的方向上 $d\Omega$ 立体角内发出的辐射通量，所以 dS 的辐射亮度 L' 为

$$L'=\rho L \tag{2-95}$$

此辐射亮度正是光源像 C' 的辐射亮度。由此得出，光源像的辐射亮度等于光源的辐射亮度与反射镜面的反射率的乘积。由于 M 的任意性，因此该结论对整个镜面都是成立的。

（2）镜反射情况下像的辐射强度

如图2.27所示，强度为 I 的光源在立体角 $d\Omega$ 内的光束被平面镜 M 反射。由反射定律可知，反射光束与入射光束的立体角是相同的。

点源C在 $d\Omega$ 立体角内投影到镜面 M 上的光通量为 $dP=I d\Omega$，假设镜子的反射率为 ρ，则反射通量是 ρdP，并且该辐射通量也在 $d\Omega'$ 内，所以光源像的辐射强度为

$$I'=\frac{\rho dP}{d\Omega'}=\rho I \tag{2-96}$$

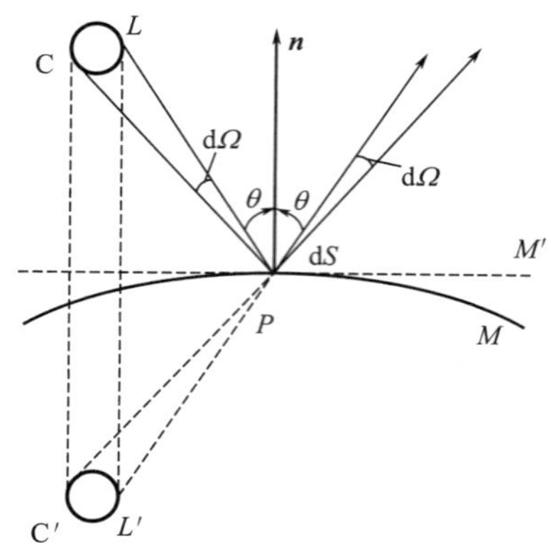

图 2.26 镜面反射

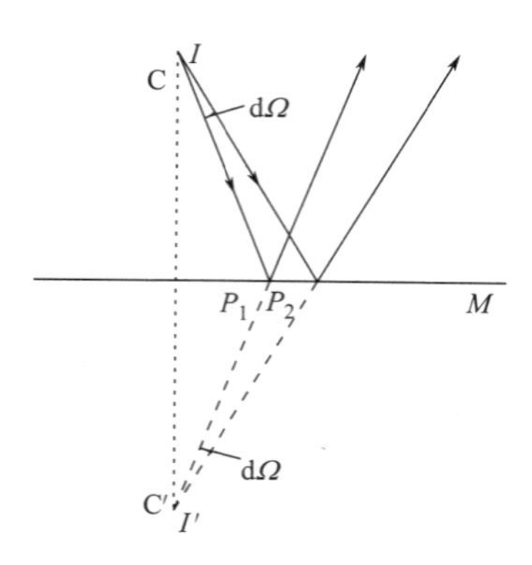

图 2.27 平面镜反射时像的强度

上式表明，在平面反射情况下，光源像的辐射强度等于光源的辐射强度与反射率的乘积。

2.8.6 辐射在透射系统的像

(1) 透射系统的像的辐射亮度

了解经过光学系统的辐射亮度的变化，在实际应用中非常重要。现在我们看一下辐射通过透镜后所形成的像的辐射亮度如何变化。

如图 2.28 所示，有理想透镜 M，长方形面积为 $dS=dx\,dy$ 的发光体在透镜的一侧，其辐射亮度为 L，则它的像 dS' 垂直于光轴。假设光学系统遵守阿贝正弦条件，即

$$nh\sin\theta_0=n'h'\sin\theta_0' \tag{2-97}$$

式 (2-97) 中，n、n'是物空间和像空间的折射率；h、h'分别是物高和像高；θ_0、θ_0'是物空间和像空间射线与轴的夹角。

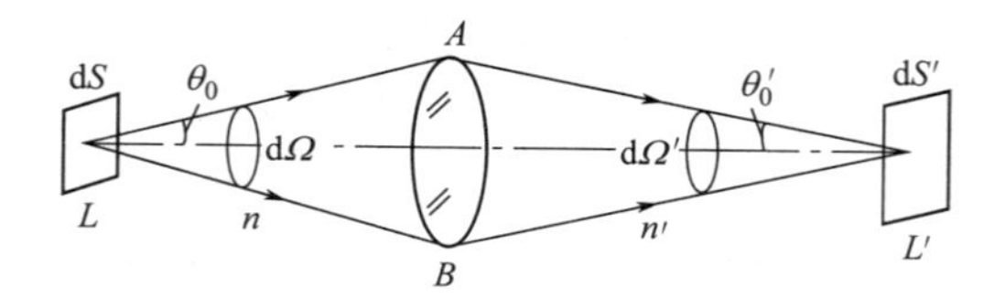

图 2.28 图像的辐射亮度

由 dS 辐射的光学系统入射光瞳处 $d\Omega_0=\sin\theta_0\,d\theta_0\,d\varphi$ 立体角内的辐射功率为

$$dP=L(\theta,\varphi)\,dx\,dy\sin\theta_0\cos\theta_0\,d\theta_0\,d\varphi \tag{2-98}$$

若系统无损耗，则这个功率必须从立体角元 $d\Omega'=\sin\theta_0'\,d\theta_0'\,d\varphi'$ 通过像空间的面积元 $dS'=dx'dy'$。设像的辐射亮度为 $L'(\theta',\varphi')$，则

$$dP'=L'(\theta',\varphi')\,dx'dy'\sin\theta_0'\cos\theta_0'\,d\theta_0'\,d\varphi' \tag{2-99}$$

根据正弦定理，$n\sin\theta_0\,dx=n'\sin\theta_0'\,dx'$，$n\sin\theta_0\,dy=n'\sin\theta_0'\,dy'$，并且 $\varphi=\varphi'$，得到 $d\varphi=d\varphi'$

对 θ 微分有

$$n\cos\theta_0 \mathrm{d}y = n'\cos\theta_0' \mathrm{d}y' \tag{2-100}$$

于是可以得到

$$\frac{L'(\theta',\varphi')}{n'^2} = \frac{L(\theta,\varphi)}{n^2} \tag{2-101}$$

如果朗伯源的像也看成朗伯体，则像的基本辐射亮度等于源的基本辐射亮度。

(2) 像的辐射照度

如图 2.27 所示，辐射亮度为 L、面积为 $\mathrm{d}S$ 的朗伯源辐射的光线经过光学系统在垂直于光轴的屏上成像，假设无像差，且遵从阿贝正弦条件。辐射源 $\mathrm{d}S$ 入射到光学系统上的辐射功率为

$$\mathrm{d}P = \pi L\sin^2\theta \mathrm{d}S \tag{2-102}$$

若光学系统无损耗，通过像面的辐射功率 $\mathrm{d}P' = \mathrm{d}P$，则像的辐射照度为

$$E' = \frac{\mathrm{d}P'}{\mathrm{d}S'} = \pi L \frac{\mathrm{d}S}{\mathrm{d}S'}\sin^2\theta \tag{2-103}$$

如果 $\mathrm{d}S$、$\mathrm{d}S'$为圆形面积，则正弦条件为

$$nr\sin\theta = n'r'\sin\theta' \tag{2-104}$$

其中，r 为物的半径；r'为像的半径。这样就有

$$\frac{\mathrm{d}S}{\mathrm{d}S'} = \frac{n'^2\sin^2\theta'}{n^2\sin^2\theta} \tag{2-105}$$

则像的辐射照度为

$$E' = \pi\frac{L}{n^2}n'^2\sin^2\theta' \tag{2-106}$$

式 (2-106) 中的 $n'\sin\theta'$为成像系统的数值孔径。因此像的辐射照度正比于光学系统的数值孔径的平方。

习 题

1. 名词解释：辐射能、辐射强度、辐射照度、辐射亮度。

2. 说明辐射量、光子辐射量和光谱辐射量的区别。

3. 简述波数的基本概念，并用波数表示 0.4μm、2.5μm、15μm、25μm 的光辐射。

4. 已知各向同性的点辐射源，其辐射强度为 100W/sr，求与其相距 100m 的孔径为 20cm 的光学系统接收的辐射通量。

5. 已知半径为 10cm 的圆盘形辐射源，其向上半球空间发射的辐射通量为 62.8W，求

(1) 该圆盘的辐射出射度 M。

(2) 该圆盘的辐射亮度 L。

(3) 试分析该圆盘是否为朗伯体，并说明原因。

6. 表面积为 A_1 和 A_2 的圆盘形光源，相距距离为 L，如果两个圆盘的法线重合，A_1 的

辐射出射度为 M，试证明：A_2 接收到 A_1 的辐射功率为 $\frac{MA_1A_2}{2\pi L^2}$。若改为圆球辐射体光源，距离为 L，远大于圆球半径，试证明：A_2 接收到 A_1 的辐射功率为 $\frac{MA_1A_2}{16\pi L^2}$。

7. 设平面上有 A、B 两点，相距为 x，在 A 点上方高 h 处悬挂一点辐射源 S，其辐射强度为 I，求 B 点的辐射照度。若辐射源 S 垂直下降，求高度为多少时，B 点的辐射照度最大。

8. 设有一朗伯圆盘，辐射强度为 L，半径为 R，求垂直距离中心 d 处的辐射照度。

9. 已知飞机喷口直径 $D_s=60\text{cm}$，光学接收系统直径 $D=30\text{cm}$，喷口与光学系统距离 $d=1.8\text{km}$，当喷口的辐射出射度 $M=1\text{W/cm}^2$ 时，

(1) 忽略大气的影响，求光学系统所接收的辐射功率。

(2) 若大气透过率为 0.9，求这时的光学系统所接收的辐射功率。

10. 面积为 A 的微面元，按余弦发射体发出辐射，辐亮度为 L，与其法线成 θ 方向发出辐射，求在与 A 平行且相距为 d 的平面上点 B 处产生的辐射照度。如果把 B 点所处的平面在 B 处逆时针转动 φ 角，则 B 点处的辐照度如何变化?

11. 半径为 R 的球体，其表面为朗伯辐射面，辐射亮度为 L，求距离为 l 的点上球所产生的辐射照度。

12. 两个具有一定距离的辐射源 A 和 B，在两者的连线上用辐射计测量辐照度相等，辐射计到两个辐射源的距离之比为 2∶5。将一红外滤光片置于 B 前，再寻找辐照度相等位置，距离之比变为 6∶5，求在探测器相应波段内该滤光片的透射率。

13. 两点辐射源 A、B 相距为 l，辐射强度分别为 I_1、I_2，求在 AB 连线上两点辐射源产生的辐射照度相等的位置距 A 的距离。

14. 有一发光面 $S=8\text{cm}^2$，其辐射亮度为 $10^4\text{W/(m}^2\cdot\text{sr)}$。如果按余弦发射体发射，求在半顶角 1.5°～5°之间的立体角发出的辐射通量。

15. 满月能够在地面上产生 0.2lx 的照度。假设满月等价于直径为 3746km 的圆形面光源，月面距地面的平均距离为 $3.844\times10^5\text{km}$，忽略大气衰减，求月亮的亮度。

16. 有一直径为 0.06m 的圆形均匀漫反射玻璃片，在某波段内的透射率为 0.5，用一光源照射玻璃片，小光源距玻璃为 1m，小光源的辐射强度 $I=8.0\text{W/sr}$，在玻璃片前方沿中心线 3m 放置一个直径为 0.04m 的光阑，求这时候该光阑的辐射通量。

17. 如图 2.29 所示，一主动红外系统发出的辐射被一圆盘目标漫反射，该系统所发射的辐射强度为 I_s，接收孔径为 D_0，目标的半径为 R，漫反射率为 ρ，目标与系统相距 l，大气透射率为 1，证明系统接收的目标的辐射功率为 $\frac{\pi R^2D_0^2I_s\rho}{4l^4}$。

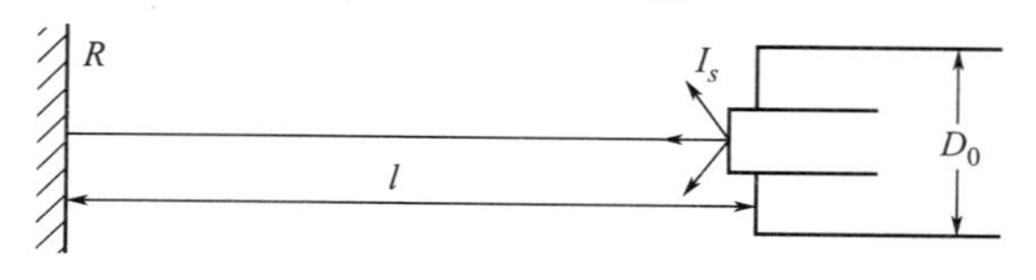

图 2.29 习题 17 图

18. 半径为 R 的球体，其表面为朗伯辐射面，辐射亮度为 L，求距球心为 l 的点上球所产生的辐射照度。

19. 证明如图 2.30 所示的点源向圆盘发射的辐射功率为 $P=2\pi I\left(1-\frac{1}{\sqrt{1+\frac{R^2}{l^2}}}\right)$。

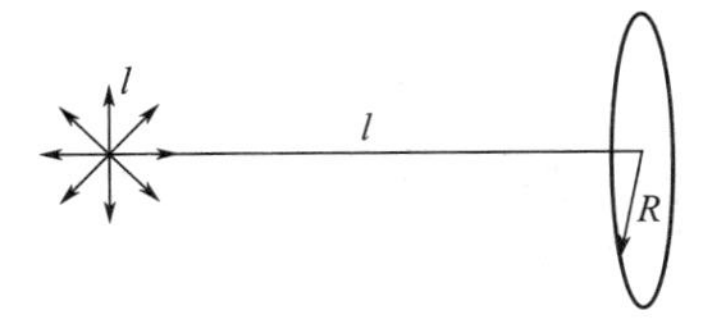

图 2.30　习题 19 图

第3章

热辐射的基本规律

热辐射主要研究内容包括：热辐射起源的物理模型、热辐射的基本规律和理论计算方法、辐射热传递和热交换的某些基本规律。

研究路线如图 3.1 所示。

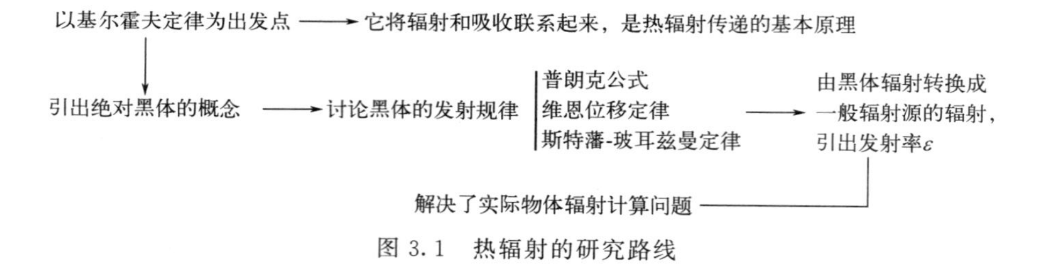

图 3.1　热辐射的研究路线

3.1　辐射的起源

固、液、气体都是由分子和原子组成，分子、原子在不停运动，每一种可能的运动状态都具有一定的能量——能级。正常状态下，物体总处在基态，当吸收外来能量时，跃迁至高能态——激发态。当从高能态跃回低能态时，多余能量以光子的形式发射出来，发射的频率由公式 $h\nu=\frac{E_i-E_j}{h}$ 决定。

辐射起源的经典物理模型：自由电子模型、谐振子模型和阻尼振子模型。

受热物体的辐射叫热辐射，又叫温度辐射，即组成物质的分子、原子、离子和电子的热运动产生的电磁辐射。一个孤立系统，在热辐射形式的能量交换中能够达到热平衡状态。另外，这个系统，受到任何干扰后仍能够恢复平衡。

3.2 基尔霍夫定律和黑体模型

3.2.1 基尔霍夫定律

假设有吸收率不同的两个物体 A_1 和 A_2 构成一个孤立系统，由于辐射交换，最终达到动态热平衡，即单位时间内每一个物体发出的能量等于它所吸收的能量，吸收能量不同，则发射能量也不同。这称为普雷夫定则。它确定了物体“吸热”和“发热”本领之间的定性规律。半个世纪后，基尔霍夫使其有了严格的定量定律形式。

如图 3.2 所示，设想把一个物体 A 置于真空、密闭、等温、与外界绝热的容器内，则物体 A 与器壁的热交换只能通过辐射来进行。

若 $T>T'$（存在温差），那么腔壁将向 A 辐射热，到达 A 时一部分被反射、吸收，一部分被透射，即 A 在吸收辐射的同时又在发射辐射，最终两者达到同一温度，即达到热平衡。

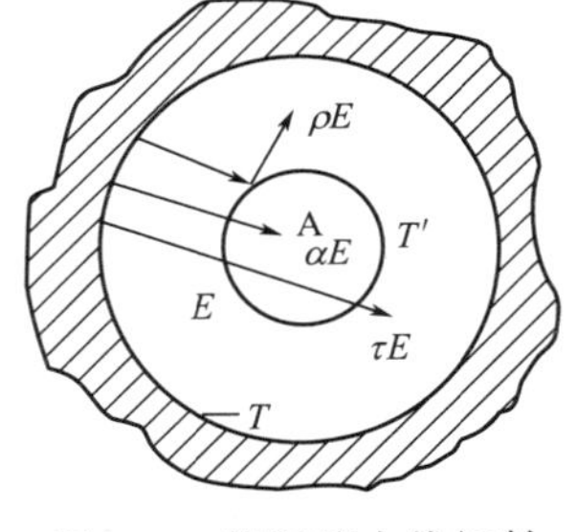

图 3.2　等温腔内热辐射

分析表明，在热平衡状态下，物体 A 发射的辐射功率应等于吸收的辐射功率，即

$$M=\alpha E \quad 或 \quad \frac{M}{\alpha}=E \tag{3-1}$$

式（3-1）称为基尔霍夫定律。

式（3-1）中，M 是物体 A 的辐出度；α 为物体 A 的吸收比；E 是物体 A 表面上的辐照度。

式（3-1）表明：物体的辐出度与其吸收比的比值，等于空腔壁辐射在它上面产生的辐照度，与物体的性质无关。α 越大，M 也越大，所以，好的吸收体也必然是好的辐射发射体。若 $\tau=0$（不透明的物体），则 $\alpha=1-\rho$，即高反射表面一定是弱发射体。

用光谱辐射量表示的基尔霍夫定律：

$$\frac{M_\lambda(T)}{\alpha(\lambda,T)}=E_\lambda(T) \tag{3-2}$$

条件：密闭、真空、等温、热平衡。

基尔霍夫定律将发射与吸收联系起来。

3.2.2 密闭空腔的辐射为黑体辐射

黑体是在任何温度下，能够吸收任何入射波长的物体。把属于黑体的各辐射量用下标“bb”区分。

按此定义：黑体的发射率和透射率均为零，吸收率等于1，即 $\alpha_{bb}=\alpha_{bb}(\lambda)=1$。

绝对黑体只是一种理想化的概念，自然界中并不存在真正的黑体。一般所讲的黑体只是一个近似。

我们来看一个黑体模型——开有小孔的空腔。如图3.3所示，在等温的密闭空腔上开一个孔，当有一束辐射射入腔孔时，在腔体内表面上多次反射，每反射一次，辐射被吸收一部分，最后只有极少量的入射辐射有可能从腔孔偶然逸出。

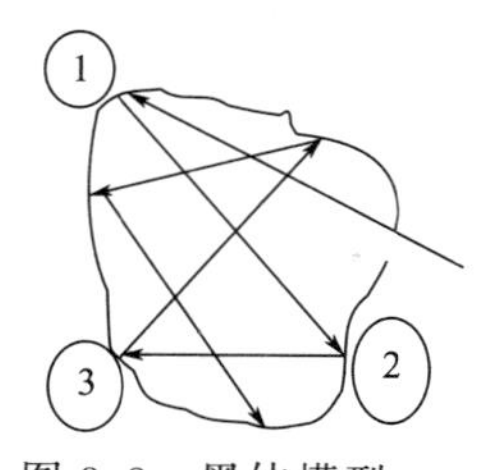

图3.3 黑体模型——开有小孔的空腔

例如，若仅考虑3次反射，当腔壁的吸收比不同时，空腔的吸收比的变化如图3.4所示。

①　②　③
1　0.1　0.01
0.9 + 0.09 + 0.009 = 0.999
三次吸收 α = 0.999

(a) 腔壁的吸收比 α = 0.9，入射为1时

①　②　③
1　0.2　0.04
0.8 + 0.16 + 0.032 = 0.992
三次吸收 α = 0.992

(b) 腔壁的吸收比 α = 0.8，入射为1时

图3.4 腔壁吸收比不同时，空腔吸收比的变化

所以进入腔体的辐射实际上被完全吸收，腔孔的吸收比实际上接近于1。假如把腔壁等温加热，则腔孔的辐射就相当于一个面积等于腔孔面积的黑体辐射。因此，开有小孔的等温空腔就是一个良好的黑体模型。

现在证明：等温密闭空腔中的辐射就是黑体辐射。

假设在空腔中放置的物体 A 是一个黑体，则根据基尔霍夫定律，有

$$M_{\lambda bb}(T)=\alpha E_{\lambda}(T)=E_{\lambda}(T) \tag{3-3}$$

即黑体的光谱辐出度等于空腔容器内的光谱辐照度。

空腔在黑体上产生的光谱辐照度可由 $E=M\sin^2\theta_0$ 求得。

因为黑体对大面源空腔所张半视场角 $\theta_0=\pi/2$，$\sin^2\theta_0=1$，所以有

$$E_{\lambda}(T)=M_{\lambda}(T) \tag{3-4}$$

即空腔在黑体上的光谱辐照度等于空腔的光谱辐出度。由式（3-3）和式（3-4）得

$$M_{\lambda}(T)=M_{\lambda bb}(T) \tag{3-5}$$

即等温密闭空腔的光谱辐出度等于黑体光谱辐出度。所以等温密闭空腔的辐射就是黑体辐射，与构成空腔的材料性质无关。利用腔体效应，可以得到高发射器件。

3.3 普朗克辐射定律

3.3.1 普朗克公式的推导

首先介绍模式数的概念：

在一个有边界的空间 V 内，只能存在一系列独立的具有特定波长的平面单色驻波。这种能够存在的驻波称为波的模式，在 V 内能存在的平面单色驻波数目即为模式数，又称为状态数。

采用半经典的推导方法：以等温封闭空腔为黑体模型，把空腔壁的原子看作发射和吸收电磁辐射的电磁振子，热平衡时，电磁振子发出的电磁波在空腔内叠加而形成稳定的驻波。

推导过程如下：

① 第一步，确定空腔内的驻波数，即模式数：$dZ=\frac{8\pi\nu^2}{c^3}d\nu$。

② 第二步，用普朗克假设和麦克斯韦-玻耳兹曼分布律确定每个模式的平均能量。普朗克假设：

a. 在等温空腔内，电磁驻波的每一模式的能量不能取任意值，而只能取 $E_n=nh\nu$（$n=0,1,2,\cdots$），即相邻 $\Delta E=h\nu$。

b. 辐射振子不能连续地发射或吸收能量，只能以 $\varepsilon_\nu=h\nu$ 为单位一份一份地跳跃式进行，即进行能级跃迁。

量子化振子模型组成的系统，应该遵从玻色-爱因斯坦统计，即振子具有能量 $E_n=n\varepsilon_\nu$ 的概率为：

$$F(n\varepsilon_\nu)=c\left[\exp\left(\frac{nh\nu}{kT}\right)-1\right]^{-1} \tag{3-6}$$

该振子系统可以用麦克斯韦-玻耳兹曼统计描述，即

$$F(n\varepsilon_\nu)=A\exp\left(-\frac{nh\nu}{kT}\right)$$

式中，A 为归一化常数；k 是玻耳兹曼常数；T 为系统的热力学温度，K。

利用上述的量子化电磁振子模型和统计法，可计算空腔内电磁谐振子的平均能量：

$$\bar{\varepsilon}=\frac{\varepsilon_T}{N_T}=\frac{h\nu}{\exp\left(\frac{h\nu}{kT}\right)-1} \tag{3-7}$$

③ 第三步，求出单位体积和波长间隔的辐射能量、能量密度、空腔光谱辐出度。

单位体积内，在频率间隔 $d\nu$ 内的辐射能：

$$\omega_\nu d\nu=\bar{\varepsilon}dZ=\frac{h\nu}{\exp\left(\frac{h\nu}{kT}\right)-1}\frac{8\pi\nu^2}{c^3}d\nu \tag{3-8}$$

所以光谱辐射能密度为

$$\omega_\nu=\frac{8\pi\nu^2}{c^3}\times\frac{h\nu}{\exp(h\nu/kT)-1} \tag{3-9}$$

由于单位时间内通过空腔单位体积发射的光谱辐射能量为 $c\omega_\nu$，并均匀地向周围 4π 空间传输，因而分配到单位立体角内的量值为 $c\omega_\nu/(4\pi)$。

因为黑体空腔内一点向单位面积和单位立体角内传输的光谱辐射功率即该点的光谱辐亮度为 $L_\nu=\frac{c\omega_\nu}{4\pi}$，所以黑体是朗伯体，黑体空腔的光谱辐出度为 $M_{\nu bb}=\pi L_\nu=\frac{c}{4}\omega_\nu$。

代入式（3-9）得到以频率表示的黑体光谱辐出度为

$$M_{\nu bb}(T)=\frac{2\pi h\nu^3}{c^2}\times\frac{1}{\exp(h\nu/kT)-1} \tag{3-10}$$

式（3-10）称为普朗克辐射定律。变成波长表示：

$$\nu=c/\lambda,\qquad |d\nu|=\frac{c}{\lambda^2}d\lambda \tag{3-11}$$

用波长和频率表示的黑体光谱辐射能应相等，即

$$\omega_\nu d\nu=\omega_\lambda d\lambda \tag{3-12}$$

则有 $M_{\lambda bb}(T)=\frac{C}{\lambda^2}M_{\nu bb}(T)$，即

$$M_{\lambda bb}(T)=\frac{2\pi hc^2}{\lambda^5}\times\frac{1}{\exp[hc/(\lambda kT)]-1} \tag{3-13}$$

式中，h 是普朗克常量；k 是玻耳兹曼常数；λ 是波长，μm；T 是热力学温度，K。

令 $c_1=2\pi hc^2$，即第一辐射常量；$c_2=hc/k$，即第二辐射常量。

所以，有

$$M_{\lambda bb}(T)=c_1\lambda^{-5}\{\exp[c_2/(\lambda T)]-1\}^{-1} \tag{3-14}$$

式（3-14）就是大名鼎鼎的普朗克公式。

3.3.2 普朗克公式的意义

图 3.5 为 500～900K 时 $M_{\lambda bb}(T)$-λ 的变化曲线，从图 3.5 中的曲线可以得到如下结论：

① 任何温度下，$M_{\lambda bb}(T)$都随波长连续变化，每条曲线只有一个极大值。

② 各条曲线互不相交，T 越高，$M_{\lambda bb}(T)$各对应值越大。

③ 曲线随黑体温度的提高而整体提高，即在任一指定波长 λ 处，与较高温度相对应的光谱辐出度 $M_{\lambda bb}(T)$也较大。

④ 每条曲线下包围的面积代表黑体在给定温度下的全辐出度，这表明黑体的全辐出度随温度的提高而迅速增大。

⑤ 每条曲线的峰值 M_{λ_m} 所对应的波长叫峰值波长 λ_m。随温度的升高，峰值波长减小。

⑥ 黑体辐射只与黑体的热力学温度 T 有关，而与构成黑体的材料无关。

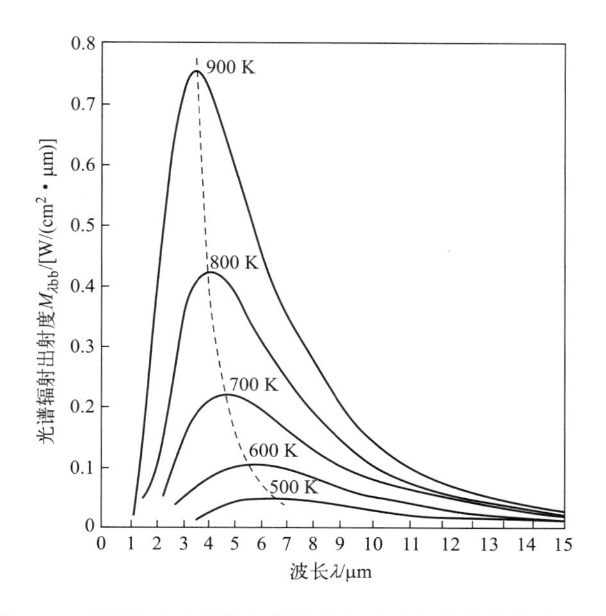

图 3.5　不同温度下黑体辐射出射度随波长的变化曲线

因此，普朗克公式描述了黑体辐射的光谱分布规律，揭示了 $M_{\lambda bb}(T)$ 与 T 和 λ 之间的关系，是黑体热辐射理论的重要基础。

3.3.3　用光子数表示的普朗克辐射定律

普朗克公式也能以光子的形式给出，这对研究光子探测器的性能是非常有用的。

对一个频率为 ν 的光子，其能量 $\varepsilon_\nu = h\nu = \frac{hc}{\lambda}$。

所以，只要将普朗克公式除以每个光子的能量，就可得到以光子数表示的普朗克辐射公式：

$$M_{q\lambda bb}(T) = \frac{2\pi c}{\lambda^4} \times \frac{1}{\exp[hc/(\lambda kT)] - 1} = C_1' \lambda^{-4}\{\exp[c_2/(\lambda T)] - 1\}^{-1} \tag{3-15}$$

式中，$C_1' = 2\pi c = 1.88365 \times 10^{27}$ $(\mathrm{s^{-1} m^{-2} \mu m^3})$；$M_{q\lambda bb}(T)$ 的单位是“光子数/(s · m^2 · μm)”。

除此之外，还可以用波数 $\tilde{\nu}$、角频率 ω 等来表示普朗克公式。

3.3.4　普朗克公式的近似

$$M_{\lambda bb}(T) = c_1 \lambda^{-5}\{\exp[c_2/(\lambda T)] - 1\}^{-1} \tag{3-16}$$

两种极限条件下的情况：

① 当 $\frac{c_2}{\lambda T} \gg 1$ 时，分母中的 1 可忽略，即

$$M_{\lambda bb}(T) \approx \frac{c_1}{\lambda^5} \times \frac{1}{\exp \frac{c_2}{\lambda T}} \tag{3-17}$$

式（3-17）称为维恩公式，适用于短波或低温辐射。即 λT 很小时，可用维恩公式代替普朗克公式。

② 当 $\frac{c_2}{\lambda T} \ll 1$ 时，$e^{\frac{c_2}{\lambda T}}$ 可展开成级数 $e^{\frac{c_2}{\lambda T}} = 1 + \frac{c_2}{\lambda T} + \cdots$，取前两项，有

$$M_{\lambda bb}(T) \approx \frac{c_1}{c_2} \times \frac{T}{\lambda^4} \tag{3-18}$$

式（3-18）称为瑞利-金斯公式，适用于黑体辐射的长波或高温部分。

3.4 维恩位移定律

3.4.1 维恩位移定律的定义

普朗克公式指出，当黑体温度 T 上升时，辐射谱向短波方向移动。而维恩位移定律则给出了黑体光谱辐出度的峰值 $M_{\lambda_m bb}$ 所对应的峰值波长 λ_m 与黑体热力学温度 T 关系的表达式：

$$M_{\lambda bb}(T) = c_1 \lambda^{-5} \{\exp[c_2/(\lambda T)] - 1\}^{-1}$$

目的是求极大值对应的 λ_m。可令 $\frac{dM_{\lambda bb}(T)}{d\lambda} = 0$，解此方程，求出 λ_m。

微分后整理：$\frac{c_2}{\lambda_m T} = 5\left[1 - \exp\left(-\frac{c_2}{\lambda_m T}\right)\right]$。

设 $x = c_2/(\lambda_m T)$，则可将上式简化为 $\left(1 - \frac{x}{5}\right)e^x = 1$。用逐次逼近的方法（即用 $x=5$，$x=4.9$，$x=4.96$，…）解得 $x = \frac{c_2}{\lambda_m T} = 4.9651142$，又因 $c_2 = (1.43879 \pm 0.00019) \times 10^4$，由此得到维恩位移定律的表达式为

$$\lambda_m T = b,$$

其中，$b = \frac{c_2}{x} = (2897.8 \pm 0.4)(\mu m \cdot K)$。

即：

$$\lambda_m T = \frac{c_2}{x} = 2897.8(\mu m \cdot K) \tag{3-19}$$

式（3-19）就称为维恩位移定律。

结论：黑体光谱辐出度峰值对应的波长 λ_m 随黑体的热力学温度 T 成反比移动。图 3.5

的虚线就是这些峰值的轨迹。

例如，人体 37℃（310K），其峰值波长 λ_m 9.3μm（全在红外区）；太阳（约 6000K），其峰值波长 λ_m 0.48μm（50%在可见和紫外区）。

3.4.2　黑体光谱辐出度的峰值

将 $\lambda_m T$ 的值代入普朗克公式，就可求得黑体光谱辐出度的极大值为

$$M_{\lambda_m bb}(T)=c_1\lambda_m^{-5}\{\exp[c_2/(\lambda_m T)]-1\}^{-1} \quad (分子分母同乘 c_2^5 T^5)$$

$$=\left(\frac{c_2}{\lambda_m T}\right)^5 \frac{\frac{c_1}{c_2^5}T^5}{\exp\frac{c_2}{\lambda_m T}-1}$$

$$=\left(\frac{c_2}{\lambda_m T}\right)^5 \frac{c_1 c_2^{-5}T^5}{\exp[c_2/(\lambda_m T)]-1}=bT^5$$

式中，常数 $b=1.2862\times10^{-11}[\mathrm{W/(m^2 \cdot \mu m \cdot K^5)}]$。

即

$$M_{\lambda_m bb}(T)=bT^5 \tag{3-20}$$

式（3-20）表明：黑体光谱辐出度的峰值与其热力学温度的五次方成正比。式（3-20）也可看作维恩位移定律的另一种表述形式。

3.4.3　光子辐射量的维恩位移定律

用光子数表示的普朗克公式为

$$M_{q\lambda bb}(T)=C_1'\lambda^{-4}[\exp[c_2/(\lambda T)]-1]^{-1}$$

对波长求导，令 $\frac{\mathrm{d}M_{q\lambda bb}(T)}{\mathrm{d}\lambda}=0$，可推导出方程：

$$\left(1-\frac{x}{4}\right)\mathrm{e}^x=1$$

其中，$x=\frac{c_2}{\lambda T}$。用逐步逼近法解出 $x=3.920690395$，从而有：

$$\lambda_m' T=3669.73(\mathrm{\mu m \cdot K})。 \tag{3-21}$$

该结果为反映黑体光子辐射特性的维恩定律。与式（3-19）比较可看出，光谱辐出度与光谱光子辐出度有不同的峰值波长。

黑体光谱光子辐出度的极大值为

$$M_{q\lambda_m' bb}(T)=4.77984\frac{c_1^{\ 4}}{c_2^{\ 4}}T^4=b_1T^4 \tag{3-22}$$

其中，$b_1=2.10098\times10^{11}(\mathrm{s^{-1}\cdot m^{-2}\cdot \mu m^{-1}\cdot K^4})$。

3.5 斯特藩-玻耳兹曼定律

普朗克公式给出辐射与λ、T的关系，但是要想得到黑体的全辐射特性$M_{bb}(T)$与温度T的关系，还要对普朗克辐射公式积分，即$\int_0^{\infty} M_{\lambda bb}(T)\mathrm{d}\lambda$，下面我们计算$M_{bb}(T)$与温度$T$的关系。

推导：

$$M_{bb}(T)=\int_0^{\infty} M_{\lambda bb}(T)\mathrm{d}\lambda=\int_0^{\infty}\frac{c_1}{\lambda^5}\times\frac{1}{\exp\left(\frac{c_2}{\lambda T}\right)-1}\mathrm{d}\lambda$$

$$\xlongequal{\text{分子分母同乘以 }T^5}\int_0^{\infty}\frac{c_1 T^5}{(\lambda T)^5}\times\frac{1}{\exp\left(\frac{c_2}{\lambda T}\right)-1}\mathrm{d}\lambda$$

$$\xlongequal{\text{分子分母同乘以 }c_2^4}\frac{c_1}{c_2^4}T^4\int_0^{\infty}\frac{\left(\frac{c_2}{\lambda T}\right)^3}{\exp\left(\frac{c_2}{\lambda T}\right)-1}\mathrm{d}\frac{c_2}{\lambda T}$$

$$\xlongequal{\text{令 }c_2/\lambda T=x\text{ 代入}}\frac{c_1}{c_2^4}T^4\int_0^{\infty}\frac{x^3\mathrm{d}x}{\mathrm{e}^x-1}$$

式中的被积函数可以用下列的无穷级数表示：

$$x^3\left(\frac{1}{\mathrm{e}^x-1}\right)=\sum_{n=1}^{\infty}\int_0^{\infty}x^3\mathrm{e}^{-nx}\mathrm{d}x=\sum_{n=1}^{\infty}\frac{6}{n^4}=\frac{\pi^4}{15}$$

具体的推导过程：

上式的积分是一个广义的普朗克函数积分$\int_0^{\infty}\frac{x^m\mathrm{d}x}{\mathrm{e}^x-1}$，先展开$\frac{x^m}{\mathrm{e}^x-1}=x^m\frac{\mathrm{e}^{-x}}{1-\mathrm{e}^{-x}}=x^m\sum_{n=0}^{\infty}\mathrm{e}^{-(n+1)x}$。基于$\frac{1}{1-\mathrm{e}^{-x}}=1+\mathrm{e}^{-x}+\mathrm{e}^{-2x}+\cdots=\sum_{n=0}^{\infty}\mathrm{e}^{-nx}$和积分公式$\int_0^{\infty}x^m\mathrm{e}^{-ax}\mathrm{d}x=\frac{m!}{a^{m+1}}$，有$\int_0^{\infty}\frac{x^m\mathrm{d}x}{\mathrm{e}^x-1}=\sum_{n=0}^{\infty}\frac{m!}{(n+1)^{m+1}}=m!\sum_{n=0}^{\infty}\frac{1}{(n+1)^{m+1}}$。设有函数$\zeta(x)=\sum_{n=0}^{\infty}\frac{1}{n^x}$

得到$\int_0^{\infty}\frac{x^m\mathrm{d}x}{\mathrm{e}^x-1}=m!\ \zeta(m+1)$；$m=3$，$\zeta(m+1)=\frac{\pi^4}{90}$，$m!\ \zeta(m+1)=\frac{\pi^4}{15}$。因此：

$$M_{bb}(T)=\frac{\pi^4}{15}\times\frac{c_1}{c_2^4}T^4=\sigma T^4 \tag{3-23}$$

式（3-23）是斯特藩-玻耳兹曼定律。

式中，$\sigma=\pi^4 c_1/(15C_2^4)=(5.6697\pm0.0029)\times10^{-8}[\mathrm{W/(m^2\cdot K^4)}]$，为斯特藩-玻耳兹曼常数。式（3-23）表明：黑体的全辐射与其热力学温度的四次方成正比。曲线下面面积代

表黑体的全辐出度，当温度有较小变化时，会引起全辐出度的很大变化。

将黑体光谱光子辐出度表达式对波长从0到∞积分，则得到黑体光子全辐出度：

$$M_{q\mathrm{bb}}(T)=\int_0^{\infty}\frac{c_1'^3}{\lambda^4}\frac{1}{\exp\left(\frac{c_2}{\lambda T}\right)-1}\mathrm{d}\lambda \xrightarrow{\text{推导方法同前}} \sigma' T^3$$

即

$$M_{q\mathrm{bb}}(T)=\sigma' T'^3 \tag{3-24}$$

式中，常数 $\sigma'=1.52041\times10^{15}(\mathrm{s}^{-1}\cdot\mathrm{m}^{-2}\cdot\mathrm{K}^{-3})$。式（3-24）表明：黑体的光子全辐出度与其热力学温度的三次方成正比。

3.6 黑体辐射的简易计算方法

普朗克辐射公式给出了黑体光谱辐出度随温度及波长变化的明显函数关系 $M_{\lambda\mathrm{bb}}(T,\lambda)$，计算 $M_{\lambda_1\sim\lambda_2}$ 需要完成烦琐的积分。因此，工程实践中常采用许多简易计算方法。下面我们将介绍黑体辐射函数的计算方法

3.6.1 黑体辐射函数表

黑体辐射函数表有几十种之多，在此仅介绍最常用的两种，即 $f(\lambda T)$ 表和 $F(\lambda T)$ 表，用此可计算 $M_\lambda(T)$、$M_{\lambda_1\sim\lambda_2}(T)$、$M_{0\sim\infty}(T)$ 及其在总辐射中所占的比例。

(1) $f(\lambda T)=M_\lambda(T)/M_{\lambda_m}(T)$ 函数表

因为

$$M_\lambda(T)=M(\lambda T)=c_1T^5(\lambda T)^{-5}\left[\exp\left(\frac{c_2}{\lambda T}\right)-1\right]^{-1}$$

$$M_{\lambda_m}(T)=M(\lambda_m T)=bT^5$$

所以

$$f(\lambda T)=\frac{M_\lambda(T)}{M_{\lambda_m}(T)}=\frac{c_1}{b}(\lambda T)^{-5}\left[\exp\left(\frac{c_2}{\lambda T}\right)-1\right]^{-1} \tag{3-25}$$

如果以 λT 为变量，则可以计算出每组 λT 值对应的函数 $f(\lambda T)$ 值，于是就构成了 $f(\lambda T)$-λT 函数表。这种函数的图解表示如图3.6中曲线所示。

当黑体的热力学温度 T 已知时，对任意特定波长 λ 可计算 λT，然后从函数表中查出相应的 $f(\lambda T)$ 值：

$$M_\lambda(T)=f(\lambda T)M_{\lambda_m}(T)=f(\lambda T)bT^5 \tag{3-26}$$

(2) $F(\lambda T)=M_{0\sim\lambda}(T)/M_{0\sim\infty}(T)$ 函数表

因为 $M_\lambda(T)=c_1\lambda^{-5}\left[\exp\left(\frac{c_2}{\lambda T}\right)-1\right]^{-1}$

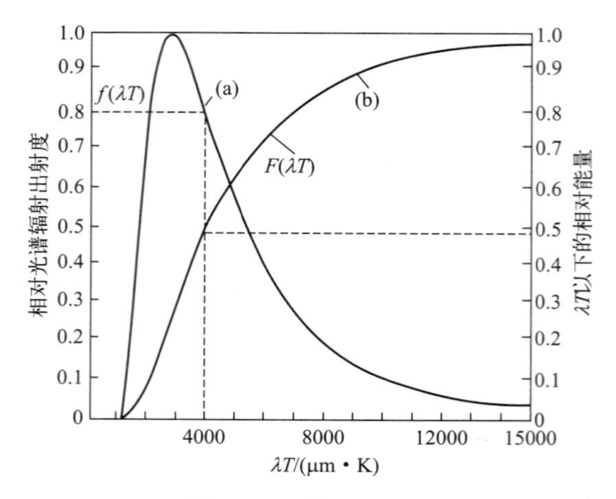

图 3.6 黑体通用曲线

所以 $M_{0\sim\lambda}(T)=\int_0^{\lambda}M_{\lambda}(T)\mathrm{d}\lambda=\int_0^{\lambda}\frac{c_1}{\lambda^5}\times\frac{1}{\mathrm{e}^{c_2/\lambda T}-1}\mathrm{d}\lambda$

又 $M_{0\sim\infty}(T)=M_{\mathrm{bb}}(T)=\frac{\pi^4}{15}\times\frac{c_1}{c_2^4}T^4$

所以

$$F(\lambda T)=\frac{M_{0\sim\lambda}(T)}{M_{0\sim\infty}(T)}=\frac{15}{\pi^4}\int_{\frac{c_2}{\lambda T}}^{\infty}\frac{\left(\frac{c_2}{\lambda T}\right)^3\mathrm{d}\left(\frac{c_2}{\lambda T}\right)}{\mathrm{e}^{\frac{c_2}{\lambda T}}-1} \tag{3-27}$$

对于给定的一系列 λT 值，可计算出相应的 $F(\lambda T)$ 值，并构成 $F(\lambda T)$-λT 函数表。利用 $F(\lambda T)$-λT 函数表可以完成下列计算：

① 波长 $0\sim\lambda$ 之间的辐出度：

$$M_{0\sim\lambda}(T)=F(\lambda T)M_{0\sim\infty}(T)=F(\lambda T)\sigma T^4 \tag{3-28}$$

② 计算任意波段 $\lambda_1\sim\lambda_2$ 之间的辐出度：

$$M_{\lambda_1\sim\lambda_2}(T)=M_{0\sim\lambda_2}(T)-M_{0\sim\lambda_1}(T)=[F(\lambda_2 T)-F(\lambda_1 T)]\sigma T^4 \tag{3-29}$$

③ 计算任意两个波段之间的辐射在总辐射中所占的比例。

3.6.2 计算举例

(1) 人体 37℃ (310K)

按黑体计算，其峰值波长为

$$\lambda_m=\frac{2897.8}{310}=9.4(\mu\mathrm{m})$$

全辐射出射度：

$$M_{0\sim\infty}(T)=\sigma T^4=5.67\times10^{-8}\times310^4=5.2\times10^2(\mathrm{W/m^2})$$

处于紫外区的辐出度：假设波长 0～0.4μm，$M_{0\sim0.4\mu\mathrm{m}}(310)=F(0.4\times310)\times\sigma T^4\approx0$。

处于可见区的辐出度：假设波长 0.4～0.75μm，则有

$$M_{0.4\sim0.75\mu m}(T)=[F(\lambda_2 T)-F(\lambda_1 T)]\times\sigma T^4$$
$$=[F(0.75\times310)-F(0.4\times310)]\times5.67\times10^{-8}\times310^4\approx0$$

处于红外区的辐出度：假设波长 0.75μm～∞，则有

$$M_{0.75\mu m\sim\infty}(T)=[F(\infty)-F(0.75\times310)]\times\sigma T^4=(1-0)\times\sigma T^4\approx M$$

(2) 太阳辐射 6000K 黑体

峰值波长：$\lambda_m=\dfrac{2897.8}{6000}=0.48\mu m$（可见光，绿光）

全辐出度：$M_{0\sim\infty}(T)=M_{bb}(T)=\sigma T^4=5.67\times10^{-8}\times6000^4\approx7.3\times10^7(W/m^2)$

紫外区：假设 0～0.4μm，有

$$M_{0\sim0.4\mu m}(6000)=F(0.4\times6000)\sigma T^4=0.14\times M_{bb}(T)$$

查表 $F(0.4\times6000)=1.4025\times10^{-1}$，紫外辐射占太阳辐射 14%。

可见区：假设 0.4～0.75μm，有

查表可知 $F(0.4\times6000)=1.4025\times10^{-1}$，$F(0.75\times6000)=5.6430\times10^{-1}$，可见光辐射占太阳辐射 42%。

$$M_{0.4\sim0.75\mu m}(T)=[F(\lambda_2 T)-F(\lambda_1 T)]\times\sigma T^4$$
$$=[F(0.75\times6000)-F(0.4\times6000)]\times M_{bb}(T)=0.42M_{bb}(T)$$

红外区：假设 0.75μm～∞，有

$$M_{0.75\mu m\sim\infty}(T)=[F(\infty)-F(0.75\times6000)]\times\sigma T^4$$
$$=(1-0.56)\times M_{bb}(T)=0.44M_{bb}(T)$$

红外辐射占太阳辐射 44%。

3.7 辐射的光谱效率和辐射对比度

红外工程计算中有两个重要的概念：光谱辐射效率和目标与背景的辐射对比度。

3.7.1 辐射的光谱效率和工程最大值

前面的讨论是从物理学的观点研究辐射功率的大小、光谱分布特性，而工程设计中感兴趣的是在特定波长上发射辐射的光谱效率。

定义：

$$\eta_\lambda(T)=\frac{P_\lambda}{P}=\frac{M_\lambda(T)}{M(T)} \tag{3-30}$$

这就是 λ 波长位置辐射的光谱效率，即特定波长 λ 处的光谱辐射功率与全辐射功率的比值。对于一个辐射源来说，总辐射功率固定时，选择什么温度，效率最高？这个温度不能用

维恩位移定律来确定，因为它没有总辐射功率固定的限制条件，即 T 变化，相应的总辐射 P 也变化。

$$\eta_{\lambda}(T)=\frac{M_{\lambda}(T)}{M(T)}=c_{1}\lambda^{5}\left\{\left[\exp\left(\frac{c_{2}}{\lambda T}\right)-1\right]\sigma T^{4}\right\}^{-1} \tag{3-31}$$

λ 已经固定，唯一变量是 T，即上述问题为确定 $\eta_{\lambda}-T$ 变化的最大值问题。

下面计算最佳效率对应的温度，即工程最佳值。在 λ 固定的前提下：$\frac{\partial \eta_{\lambda}}{\partial T}=0$。

设 $x=\frac{c_{2}}{\lambda T}$，代入定义式，取微分整理后得

$$1-\frac{x}{4}-e^{x}=0 \tag{3-32}$$

用逐步逼近法，求得 $x=\frac{c_{2}}{\lambda T}=3.92069$。由此，使 $\eta_{\lambda}(T)$达到最大值的 λ 与 T 关系为：

$$\lambda_{e}T_{e}=\frac{c_{2}}{x}=3669.73(\mu m\cdot K) \tag{3-33}$$

式（3-33）表明：P 固定，在 λ_{e} 处存在一个最佳温度 T_{e}，使得辐射效率最大。

辐出度达到最大值的温度称为物理最大值温度 T_{m}。

辐射效率达到最大值的温度称为工程最大值温度 T_{e}。

$$\lambda_{m}T_{m}=2897.8(\mu m\cdot K)，\lambda_{e}T_{e}=3669.73(\mu m\cdot K)$$

对同一波长，$T_{e}=\frac{3669.7}{2897.8}T_{m}\approx 1.266T_{m}$，$T_{e}$ 比 T_{m} 高 26.6%。

工程最大值温度与维恩位移定律最大值的比较，如图 3.7 所示。

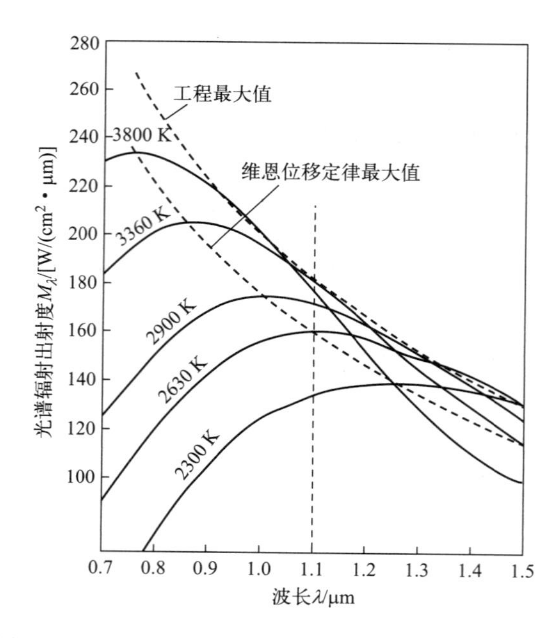

图 3.7 工程最大值温度与维恩位移定律最大值的比较

3.7.2　辐射对比度

问题的提出：用热像仪观察目标时，目标与背景 T 相近，探测困难，为描述其差别引入对比度概念。

（1）辐射对比度的定义

有多种定义法：

① $C_R=\dfrac{M_T-M_B}{M_T+M_B}$（$M_T$ 是目标辐出度，M_B 是背景辐出度）；

② $C_R=\dfrac{M_T-M_B}{M_T}$；

③ $C_R=\dfrac{M_T}{M_B}$；

④ $C_R=\dfrac{M_T-M_B}{M_B}$（最常用，目标与背景辐出度之差同背景辐出度之比）。

式中，$M_T=\int_{\lambda_1}^{\lambda_2}M_\lambda(T_T)d\lambda$，为目标在 $\lambda_1\sim\lambda_2$ 波段的辐出度；$M_B=\int_{\lambda_1}^{\lambda_2}M_\lambda(T_B)d\lambda$，为背景在 $\lambda_1\sim\lambda_2$ 波段的辐出度。

如何选择合适的系统光谱波段，使辐射对比度最大？下面的计算可回答这个问题。

（2）计算全波段的辐射对比度

设背景 300K，目标 310K，均视为黑体，分析计算如下：

因为 $M_{bb}(T)=\sigma T^4$，所以$\dfrac{\partial M_{bb}}{\partial T}=4\sigma T^3$，当 ΔT 很小时（$\Delta T=10K$）有

$$C_{0\sim\infty}=\frac{M_T-M_B}{M_B}\approx\frac{\Delta M}{M}=\frac{4\sigma T^3\Delta T}{\sigma T^4}=\frac{4\Delta T}{T}=\frac{4\times 10}{300}\approx 0.133$$

精确计算为$\dfrac{\sigma\times(310^4-300^4)}{\sigma\times 300^4}\approx 0.14$。

（3）某波段 $\lambda_1\sim\lambda_2$ 间隔内的辐射对比度

$$C_{\lambda_1\sim\lambda_2}=\frac{M_{\lambda_1\sim\lambda_2}(T_T)-M_{\lambda_1\sim\lambda_2}(T_B)}{M_{\lambda_1\sim\lambda_2}(T_B)}\tag{3-34}$$

利用辐射函数表，可计算 $M_{\lambda_1\sim\lambda_2}(T)=[F(\lambda_2 T)-F(\lambda_1 T)]\sigma T^4$。

例如：$\begin{cases}3.5\sim 5\mu m\\ 8\sim 14\mu m\end{cases}$；背景 300K，目标 310K，均视为黑体，计算结果：$\begin{cases}C_{3.5\sim 5\mu m}=0.413\\ C_{8\sim 14\mu m}=0.159\end{cases}$。

比较如表 3.1 所示。

三种情况对比度都较差，且宽波段比窄波段更差。

如何选择波段，使 C_R 最大？这里引入热导数概念。

表 3.1 对比度比较

波段	0～∞	3.5～5μm	8～14μm
对比度	0.133	0.413	0.159

3.7.3 热导数

在表征热成像系统性能时，常用到的噪声等效温差 NETD、最小可分辨温差 MRTD，均与$\frac{\partial M_\lambda}{\partial T}$有关。定义：$\frac{\partial M_\lambda}{\partial T}$叫热导数。在 $e^{c_2/\lambda T} \gg 1$ 的情况下，热导数为

$$\frac{\partial M_\lambda(T)}{\partial T}=\frac{c_1}{\lambda^5}\times\frac{e^{c_2/(\lambda T)}\times\frac{c_2}{\lambda T^2}}{\lambda^5\times[e^{c_2/(\lambda T)}-1]^2}=M_\lambda(T)\frac{1}{[1-e^{-c_2/(\lambda T)}]}\frac{c_2}{\lambda T^2}\approx M_\lambda(T)\frac{c_2}{\lambda T^2} \quad (3\text{-}35)$$

所以，辐射出射度与温度的微分关系为

$$\frac{\Delta M_{\lambda_1-\lambda_2}}{\Delta T}=\int_{\lambda_1}^{\lambda_2}\frac{\partial M_\lambda}{\partial T}d\lambda=\int_{\lambda_1}^{\lambda_2}M_\lambda\frac{c_2}{\lambda T^2}d\lambda \quad (3\text{-}36)$$

在 $\lambda_1 \sim \lambda_2$ 范围内，若要求最大辐射对比度，只要求出$\frac{\Delta M_{\lambda_1-\lambda_2}}{\Delta T}$即可。

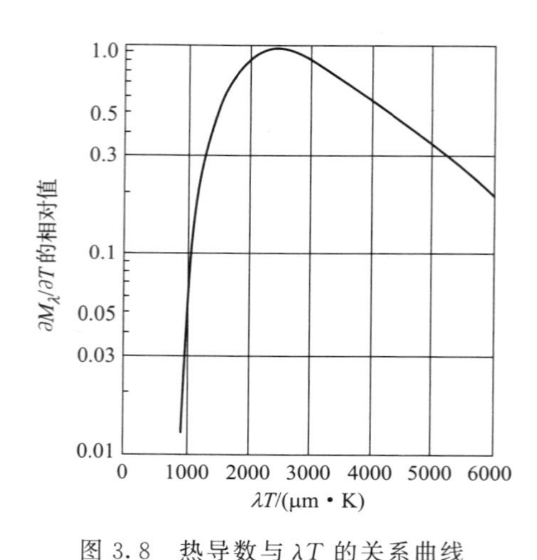

图 3.8 热导数与 λT 的关系曲线

图 3.8 给出了热导数与 λT 的变化关系曲线，由图可知，曲线有一峰值。

对于给定的黑体温度，光谱辐射出射度变化率的波长 λ_c 与 T 满足：

$$\lambda_c T=2411(\mu m \cdot K) \quad (3\text{-}37)$$

通常，地面背景 300K，可求得 $\lambda_c \approx 8\mu m$。在不考虑其他因素的情况下，用热像仪观察地面目标时，8～14μm 是最理想波段。

3.8 发射率和实体辐射

黑体辐射遵循三个定律，即普朗克辐射定律、维恩位移定律、斯特藩-玻耳兹曼定律。实际物体的辐射量除依赖辐射波长及物体温度外，还与构成物体的材料性质等因素有关。为把黑体辐射定律应用于实际，引入一个与材料性质有关的比例系数——发射率，或称比辐射率、热辐射效率，该系数表征实体辐射与黑体辐射的接近程度。

定义：物体在指定温度 T 时的热辐射量与同温度黑体的相应辐射量的比值叫发射率，用 ε 表示。

ε 越大，表示实体辐射越接近黑体辐射；ε 已知，可利用黑体辐射定律推出实体辐射规律，计算其辐射量。发射率随测量方向和测量光谱条件的变化而变化。

3.8.1 半球发射率

定义：辐射体的辐出度与同温下黑体的辐出度之比，分为全量和光谱量两种。

相同条件下，包括几何条件（发射源的 S、测量方向和 Ω）以及光谱条件（测量用的光谱范围），半球全发射率与半球光谱发射率计算公式如下。

(1) 半球全发射率

$$\varepsilon_h(T)=\frac{M(T)}{M_{bb}(T)} \tag{3-38}$$

式中，$M(T)$为实际物体在温度 T 时全辐出度；$M_{bb}(T)$为黑体在同温下全辐出度。半球全发射率表示物体向半球空间内在 $0\sim\infty$整个波长范围内的发射能力。

(2) 半球光谱发射率

$$\varepsilon_h(\lambda,T)=\frac{M_\lambda(T)}{M_{\lambda bb}(T)} \tag{3-39}$$

式中，$M_\lambda(T)$为实际物体在温度 T 时光谱辐出度；$M_{\lambda bb}(T)$为黑体在同温下光谱辐出度。

$\varepsilon_h(\lambda,T)$是波长的函数，表示物体在某温度下，在波长 λ 处向半球空间的光谱辐射度接近黑体的程度。

$\varepsilon_h(T)$和 $\varepsilon_h(\lambda,T)$之间的关系：

$$\varepsilon_h(T)=\frac{M(T)}{M_{bb}(T)}=\frac{\int_0^\infty M_\lambda(T)\mathrm{d}\lambda}{\int_0^\infty M_{\lambda bb}(T)\mathrm{d}\lambda}=\frac{1}{\sigma T^4}\int_0^\infty \varepsilon_h(\lambda,T)M_{\lambda bb}(T)\mathrm{d}\lambda \tag{3-40}$$

说明：半球全发射率不能简单地由半球光谱发射率计算给出。

3.8.2 方向发射率

方向发射率也叫角比辐射率或定向发射率。它是在与辐射表面法线方向成 θ 角的小立体角内测量的发射率，也分为全量和光谱量两种。

① 方向全发射率：

$$\varepsilon(\theta,T)=\frac{L(\theta,T)}{L_{bb}(\theta,T)} \tag{3-41}$$

式中，$L(\theta,T)$为实际物体在温度 T 时辐射亮度；$L_{bb}(\theta,T)$为黑体在同温下辐射亮度。当 $\theta=0$ 时 $\varepsilon(\theta,T)=\varepsilon_n(T)$，称为法向发射率。

式（3-41）表示物体在与法线成 θ 角方向上的辐射与黑体的接近程度。

② 方向光谱发射率：

$$\varepsilon(\lambda,\theta,T)=\frac{L_{\lambda}(\theta,T)}{L_{bb}(\theta,T)} \tag{3-42}$$

式（3-42）表示物体在特定波长处向给定方向上的辐射与黑体的接近程度。式中，$L(\theta,T)$和$L_{bb}(\theta,T)$分别是温度为T的实际物体和黑体在θ方向的辐亮度。在特殊情况下，如果在法线方向进行测量比较($\theta=0$)，则此时的方向发射率称为法向发射率，并以符号$\varepsilon_n(T)$表示。

如果测量比较的辐射包含整个波长范围，则所得到的结果叫作全发射率。因此式（3-40）和式（3-41）定义的$\varepsilon_h(T)$和$\varepsilon(\theta,T)$可分别称为半球全发射率和方向全发射率。但是，如果只测量中心波长λ附近一个很窄的光谱带内的辐射作比较，则所得结果称为光谱发射率。因此，与上述几何条件相对应，光谱发射率又有半球光谱发射率和方向光谱发射率之分，并分别用式（3-43）、式（3-44）表示：

$$\varepsilon_h(\lambda,T)=\frac{M_{\lambda}(T)}{M_{\lambda bb}(T)} \tag{3-43}$$

$$\varepsilon(\lambda,\theta,T)=\frac{L_{\lambda}(\theta,T)}{L_{bb}(\theta,T)} \tag{3-44}$$

从定义式（3-43）和式（3-44）得到

$$\varepsilon_h(T)=\frac{M(T)}{M_{bb}(T)}=\frac{1}{\sigma T^4}\int_0^{\infty}\varepsilon_h(\lambda,T)M_{\lambda bb}(T)\mathrm{d}\lambda \tag{3-45}$$

因此，半球全发射率不能简单地由半球光谱发射率给出。$\varepsilon(\theta,T)$与$\varepsilon(\lambda,\theta,T)$之间的关系也是如此。但在特殊情况下，这些发射率之间可存在简单关系。例如，对于朗伯辐射体，因$M(T)=\pi L(T)$，$M_{\lambda}(T)=\pi L_{\lambda}(T)$和$M_{\lambda bb}(T)=\pi L_{\lambda bb}(T)$，所以，依定义应有

$$\varepsilon(\theta,T)=\frac{L(\theta,T)}{L_{bb}(\theta,T)}=\frac{\pi L(\theta,T)}{\pi L_{bb}(\theta,T)}=\frac{M(T)}{M_{bb}(T)}=\varepsilon_h(T)=\varepsilon_n(T) \tag{3-46}$$

$$\varepsilon(\lambda,\theta,T)=\frac{L_{\lambda}(\theta,T)}{L_{\lambda bb}(\theta,T)}=\frac{M_{\lambda}(T)}{M_{\lambda bb}(T)}=\varepsilon_h(\lambda,T)=\varepsilon_n(\lambda,T) \tag{3-47}$$

即朗伯辐射体的全发射率及光谱发射率均与方向无关，都等于相应的法向发射率。由于按定义，黑体的各种发射率均为1，并与方向无关，所以证明黑体的确是朗伯体。除了磨光的金属表面外，大多数实际物体都在某种程度上接近朗伯体，因而，它们的三种发射率$\varepsilon_h(T)$、$\varepsilon(\theta,T)$、$\varepsilon_n(T)$通常差别都很小。因此，除特别需要严格区分半球和法向发射率时使用下标以外，一般都统一把发射率简单表示为$\varepsilon(T)$。

应该指出，严格讲也有发射率（emissivity）和发射比（emittance）的区别。其中发射比是具体样品的性质，而发射率则是一类材料的基本性质，它是用具有光学光滑表面和厚得足以不透明的材料样品测得的发射比。后面的讨论将证明，对于一种材料而言，在相同温度、几何条件与光谱条件下，发射率有唯一的数值，但同一材料的发射比却可因具体测试样品的不同而有不同的测量值。在本书中二者将同用符号ε表示。

根据发射率的定义，并考虑到任何实际物体的热辐射都低于相同条件下的黑体辐射，所以不难理解任何实际物体的发射率都是介于0～1之间的常数。它是表征实际物体发射热辐

射的本领与黑体辐射接近程度的物理量。

从基尔霍夫定律表达式和发射率定义，不难得到下列结果：

$$\varepsilon_h(\lambda,T)=\frac{M_\lambda(T)}{M_{\lambda bb}(T)}=\frac{M_\lambda(T)}{E_\lambda(T)}=\alpha(\lambda,T) \tag{3-48}$$

同样还可以证明：

$$\varepsilon_h(T)=\alpha(T) \tag{3-49}$$

由此得出结论：任何物体的发射率都等于它在相同条件下的吸收率。这一结论有时也称为基尔霍夫定律的另一种表述形式。但是，应该指出，因发射率和吸收率都随物体温度缓慢变化，所以不同温度下的发射率和吸收率，可以不满足上述关系，亦即当 $T_1\neq T_2$ 时，有

$$\varepsilon(\lambda_1,T_1)\neq\alpha(\lambda_1,T_2)$$

另外，因辐照度 $E_\lambda(T)$ 是个场量，所以，一般当物体和辐射场用不同温度表征时，基尔霍夫定律不适用。此外，上面的关系式必须在相同的光谱条件下才成立，当 $\lambda_1\neq\lambda_2$ 时，有

$$\varepsilon(\lambda_1,T_1)\neq\alpha(\lambda_2,T_1)$$

如白漆对波长 0.3～2.5μm 太阳辐射的吸收率为 0.2，但其自身在室温下的发射率却为 0.9 左右。而且，严格讲，发射率和吸收率还应该受发射测量中的辐射方向及吸收测量中的入射方向的限制。

最后，因为 $\varepsilon+\rho+\tau=1$ 或 $\varepsilon=1-\rho-\tau$，则相应的光谱量表达式为

$$\varepsilon(\lambda)=1-\rho(\lambda)-\tau(\lambda) \tag{3-50}$$

从定义可知，只要知道某物体在给定条件下的发射率值，就可很容易地得到它的热辐射特性，并能进行准确的辐射计算。

通常，根据光谱发射率随波长的变化形式，可把实际物体分成两类：光谱发射率与全发射率相等，并等于一个小于 1 的常数值的物体，叫作灰体；光谱发射率随波长变化的物体，叫作选择性辐射体。但不论哪种辐射体，它们在给定温度下的辐射特性均可用相应的发射率值与同温度黑体的同种辐射量相乘之积来给出：

$$M(T)=\varepsilon(T)M_{bb}(T) \tag{3-51}$$

$$M_\lambda(T)=\varepsilon(\lambda,T)M_{\lambda bb}(T) \tag{3-52}$$

$$L(\theta,T)=\varepsilon(\theta,T)L_{bb}(\theta,T) \tag{3-53}$$

$$L_\lambda(\theta,T)=\varepsilon(\lambda,\theta,T)L_{\lambda bb}(\theta,T) \tag{3-54}$$

图 3.9 和图 3.10 给出了灰体和选择性辐射体的辐射特性及其与同温度黑体辐射的比较示意图。

可见，黑体辐射的光谱分布曲线是各种实际物体在同温度下辐射曲线的包络线。即在同样温度下，无论是总量还是在某光谱区间内的辐射量，均以黑体辐射为最大。灰体虽与黑体有形状类似的辐射曲线，但因灰体发射率是小于 1 的常数，所以其总体在黑体曲线以下。选择性辐射体的光谱辐射曲线在不同波长处可有几个最大或最小值，但其最大值不会超过黑体辐射定律规定的极限，即不会高于黑体辐射曲线。

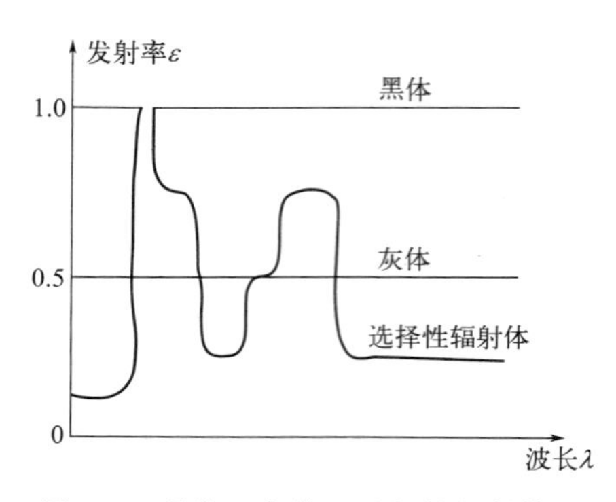

图 3.9 黑体、灰体、选择性辐射体的发射率与波长的关系

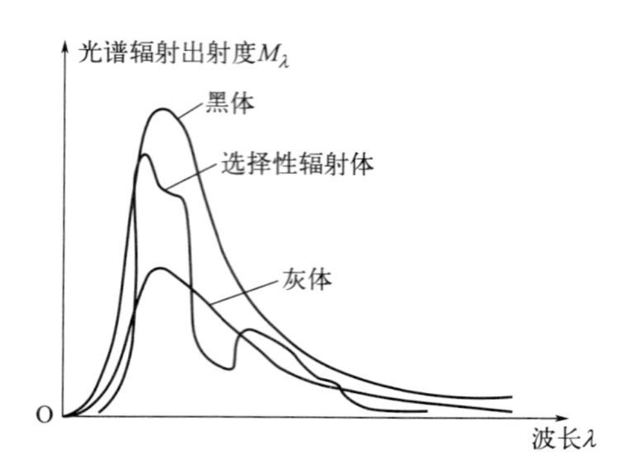

图 3.10 黑体、灰体、选择性辐射体的光辐射出射度曲线

从上述讨论看出，研究任何实际物体的热辐射问题，实际上归结为研究它的发射率。因此，我们下面将着重讨论实际物体的发射率。考虑到对某种材料发射率的研究，特别是实验研究往往都是针对具体样品进行的，所以，为与实验相符，我们将采用“发射比”而不再用“发射率”这个术语。

3.8.3 影响发射比的因素

如前所述，即使由相同材料构成的不同物体或测试样品，往往也会有不同的发射比。这是因为发射比除与波长、观测方向和立体角有关外，还受其他因素的影响。本节首先给出这些影响因素的定性描述，后面两小节再做理论分析。

归纳起来，影响发射比测量值的因素，包括被测样品的材料种类、温度、制备方法和热过程以及环境条件等。对于半透明样品或薄膜涂层，发射比测量值还受样品或薄膜涂层的厚度影响。

(1) 材料种类的影响

绝大多数非金属材料，尤其是金属氧化物，发射率值都较高：当温度低于 350K 时，一般大于 0.8；当低于熔融温度时在 0.3～0.8 之间。比值 $\varepsilon_h/\varepsilon_n$ 在 0.95～1.05 之间。当观测角 θ 达 65°～70°时，$\varepsilon(\theta)$与 ε_n 仍相等。无论全发射比还是光谱发射比均如此。绝大多数金属的发射率都很低，比值 $\varepsilon_h/\varepsilon_n$ 在 1.05～1.33 之间，对于大多数磨光金属，该比值平均值为 1.20。当 θ 角超过 45°时 ε_n 与 $\varepsilon(\theta)$明显不同。植物叶子、人的皮肤、各种皮毛，在环境温度下都有很高的发射率，甚至可看作接近黑体的辐射表面。

(2) 温度的影响

发射比受样品温度影响，但不同材料在不同波长及温度范围内，影响程度也不同，不能用统一的规律去概括。例如，克罗塞（Kruse）等人认为，绝大多数非金属的发射率随温度增加而减小，绝大多数金属发射率近似地随其热力学温度成正比增加，而比例常数随金属在标定的基本温度下电阻率的平方根变化。然而实验却发现，氧化铝、氧化钍、氧化锆等陶瓷样品，在 1200～1600K 和 1～15μm 的法向光谱发射比都随温度而增加，尤其在短波长区更加明显。在长波区由于发射比已高于 0.9，所以随温度的增加不太显著。此外，某些金属（如含 13%铂的铂铑合金）的光谱发射比，在短波区有负的温度系数，在长波区有正的温度系数。因此在发射比曲线上有一个与温度无关的“渡越点”，如图 3.11 所示。在其他研究中，也发现了类似现象。但是，对于氧化物样品，在所研究的波长和温度范围内，却没有观察到这样的“渡越点”，而且均有正的温度系数。

上述情况表明，关于发射比随温度变化问题，不仅需要在更广泛的波长和温度范围内做深入的实验研究，而且还应做理论上的探讨。从不同温度和光谱区获得的个别结果未必具有普遍意义。尤其在实验研究中，必须十分谨慎地注意样品表面是否生成氧化物薄膜以及氧化物膜的厚度等。

(3) 样品形貌特征的影响

任何实际物体或测试样品的表面都不是绝对光滑的，总表现有凹凸不平的不规则外貌。不同的形貌特征，即表面粗糙度，对发射比有不同程度的影响。图 3.12 所示为粗糙度分别是 0.076μm 和 2.9μm 的铝表面在 326℃温度和空气环境下测量的法向光谱发射比。可见发射比随粗糙度的增加而大大提高。此外，对于铬（80%）-镍（14%）-铁（6%）合金、18%Cr-8%Ni 不锈钢与包含 17%Cr 的铁素体不锈钢，发现喷砂处理（粗糙化）样品的法向光谱发射比和半球全发射比与抛光样品相比均提高一到两倍。

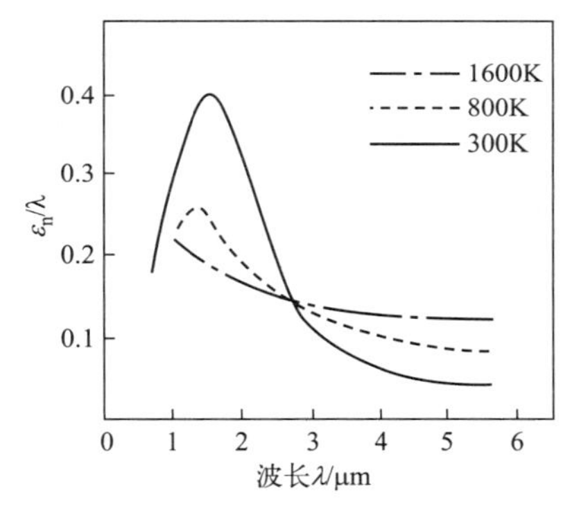

图 3.11　含铂 13%的铂铑合金在三个温度下的法向相关光谱发射比

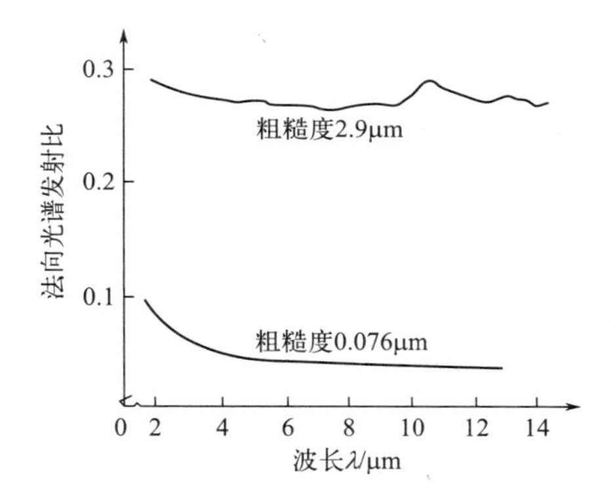

图 3.12　粗糙度对铝样品法向光谱发射比的影响（在 326℃的空气中测量）

但是非金属（尤其是多晶陶瓷）材料，法向光谱发射比和全发射比几乎与表面粗糙度无关。实验发现，低消光系数材料（如聚苯乙烯和聚丙烯）光谱发射比对样品表面粗糙度不敏感。

根据辐射与物质相互作用，可定性解释不同类型材料的表面粗糙度对发射比的不同影响，当辐射垂直投射到空气与媒质的交界面时，一部分被反射，一部分穿过界面向媒质内折射。假如界面是具有很高内部散射的抛光电介质表面，则被界面反射的部分很少，折射到媒质内的辐射在媒质中被散射，其中大部分在媒质内被吸收。因此相对讲，抛光电介质样品表面有较低反射比和较高发射比。若将它的表面粗糙化，尽管表面反射比有所降低，但未被表面反射的那部分辐射在样品内部反射，并经表面返回，故表面粗糙度对电介质反射比和发射比的影响很小。

金属表面则不同。发射、吸收和反射过程只出现在很薄（大约仅几百个原子大小的厚度内）的表面层。因此，对于抛光的金属表面，可近似认为辐射与物质相互作用发生在二维界面上，此时应有最高的反射比和最低的发射比。一旦把金属表面粗糙化，辐射与物质相互作用就不是出现在二维界面上，而是在凹凸不平的表面上发生多次反射，因而增加了表面粒子吸收的机会，使粗糙表面显著地降低反射比而增加发射比。可以证明，在垂直入射的情况下，金属表面粗糙度对反射比的影响可用式（3-55）表示：

$$\frac{\rho}{\rho_0}=\exp\left[-\left(\frac{4\pi r}{\lambda}\right)^2\right]+32\pi^4\left(\frac{r}{\lambda}\right)^4\left(\frac{\Delta\alpha}{m}\right)^2 \tag{3-55}$$

式中，ρ 和 ρ_0 分别为粗糙表面和理想光滑表面的同种金属表面同在半角为 $\Delta\alpha$ 的接收立体角中测量的反射比；r 为表面的均方根粗糙度；λ 是入射辐射波长；m 为表面的均方根斜率。在斜入射的情况下，因偏振效应而使问题复杂化。若忽略偏振效应并用 $r\cos\theta$ 代替 r，则上式仍可适用。其中，θ 是相对于粗糙表面法线的入射角。根据 $\varepsilon=1-\rho$，可说明粗糙度对金属发射比的影响。

(4) 化学特征的影响

因为材料的吸收系数取决于它的化学组成，所以发射比也应受样品化学成分的影响。即使化学成分相同的样品，若表面形成不同的表面薄膜或污染层，尤其是在金属基底上的氧化膜等，或者人为施加润滑油或其他沉积物，都会明显影响样品的发射比。

(5) 物理学结构特征的影响

事实证明，即使在无表面薄膜的理想光滑表面情况下，几千埃的表面层（至少使辐射能够贯穿的表皮深度）对材料光学行为也有着决定性的影响。这一层的结构特征，诸如吸附的气体原子、晶格缺陷与晶格结果的变化等，都能改变样品的光学行为。某些机械抛光过程、热处理、冷加工以及其他表面制备工艺，均可引起表面层结构或结晶状态及其他物理与化学性质的变化。例如，实验表明，氧化锆在 1600K 经 4～5h 处理后的法向光谱发射比测量值，比处理前的在短波区增大而长波区变小。再经 X 射线结构分析发现，在 1600K 处理前的样品主要是立方晶系结构，而处理后的样品单斜晶系的成分大约增加了三倍。此外，矿物岩石的不同结构和纹理，对红外光谱发射比也有不同的影响。在样品制备过程中，以不同形式（溶体或微晶粒的形式）潜入的杂质，对样品的发射比有着不同形式的影响。而且，微晶粒形态与单晶形态制成的材料样品也会有不同的发射比。在微晶形态的样品中，发射比还将取决于微粒的形状、尺寸分布和晶粒密度。

(6) 样品厚度的影响

后面还将从理论上证明，金属的热辐射性质可看作表面的性质，因此发射比与样品厚度无关。但对绝大多数非金属电介质材料，吸收系数没有金属材料那样大，红外辐射总有一定的贯穿深度。因而，对于这类材料的热辐射性质必须看作体性质。所以，非金属电介质（尤其红外半透明材料）的发射比不仅取决于表面状态，还与样品厚度有关。当测量涂覆在金属基底上的非导体材料或金属基底氧化膜的发射比时，必须注意被测材料样品厚度的影响。

综上所述，材料的发射能力与材料种类、样品温度、形貌特征、化学特征、结构特征、样品厚度等因素均相关，表 3.2 列出常见材料在上述情况中的发射本领。表 3.3 列出了一些空间飞行器蒙皮材料的太阳光吸收系数 α 和低温发射本领 ε。

表 3.2　各种常见材料的发射本领（法向总值）

金属及其氧化物							
材料		温度/℃	发射本领	材料		温度/℃	发射本领
铝	磨光的薄板	100	0.05	镁(磨光的)		20	0.07
	普通的薄板	100	0.09	银(磨光的)		100	0.03
	铬酸处理的阳极化薄板	100	0.55	镍	电镀后磨光的	20	0.05
	真空沉积的	20	0.04		电镀后不磨光的	20	0.11
黄铜	高度磨光的	100	0.03		氧化的	200	0.37
	用 80 号粗磨金刚砂研磨的	20	0.20	不锈钢	18-8 型，软皮摩擦的	20	0.16
	氧化的	100	0.61		18-8 型，经 800℃氧化	60	0.85
金(高度磨光的)		100	0.02	钢	磨光的	100	0.07
铁	磨光的铸铁	40	0.21		氧化的	200	0.79
	氧化的铸铁	100	0.64	锡	市售镀锡薄铁板	100	0.07
	严重锈蚀的薄板	20	0.69				
其他材料							
材料		温度/℃	发射本领	材料		温度/℃	发射本领
砖	普通红砖	20	0.93	颜料(油质，16 种颜色调和)		100	0.94
碳	蜡烛烟	20	0.95	纸(白色)		20	0.93
	表面锉光的石墨	20	0.98	涂墙泥(粗糙涂层)		20	0.91
混凝土		20	0.92	沙		20	0.90
玻璃(磨光的平板)		20	0.94	人的皮肤		32	0.98
漆	白色的	100	0.92	土壤	干燥的	20	0.92
	黑色无光的	100	0.97		充满水的	20	0.95
油	仅做镍极板上的润滑(镍基板上的薄膜)	20	0.05	水	蒸馏水	20	0.96
					光滑的冰	−10	0.96
	厚度为 0.001 寸的油膜	20	0.27		霜	−10	0.98
	厚度为 0.002 寸的油膜	20	0.46		雪	−10	0.85
	厚度为 0.005 寸的油膜	20	0.72	木头	橡木平板	20	0.90

注：1 寸约为 3.33cm。

表 3.3　空间飞行器蒙皮材料的太阳光吸收系数 α 和低温发射本领 ε

材料		α	ε	α/ε
铝	磨光和去油脂的	0.387	0.027	14.35
	折皱并展平的无光泽铝箔	0.223	0.030	7.43
	亮面铝箔	0.192	0.036	5.33
	喷砂处理的	0.42	0.21	2.00
	焰火喷射氧化的，厚 0.001 寸	0.422	0.765	0.55
	阳极化的	0.15	0.77	0.19

续表

材料		α	ε	α/ε
玻璃纤维		0.85	0.75	1.13
金(镀在不锈钢上的,并磨光)		0.301	0.028	10.77
镁(磨光的)		0.30	0.07	4.3
涂料	涂在铜上的四层石墨粉溶液	0.782	0.490	1.6
	铝	0.54	0.45	1.2
	涂在镁上的四层微量黏合剂	0.936	0.844	1.11
	灰色二氧化钛	0.87	0.87	1.00
	白色二氧化钛	0.19	0.94	0.20
Rokide A		0.15	0.77	0.20
不锈钢(18-8型,喷砂处理的)		0.78	0.44	1.77

3.9 红外辐射测温法

本节着重介绍红外辐射测温法的分类、原理。通用测温手段：温度计、热电偶、光学高温计、颜色。

红外辐射测温：根据物体的热辐射对目标表面进行非接触测温。借助光电转换装置或热电转换装置，将被测目标的辐射功率经光学系统聚焦在探测器（热电偶、热敏电阻、胆酸锂、硅光电池、光电倍增管等）上变成电信号，经放大处理直接测出的是目标的亮度温度（或辐射温度、比色温度），要求得目标的真实温度，必须设置目标的发射率，通过处理电路转换成被测目标的温度值。具有这种特征的装置称为辐射型温度计。

红外辐射测温特点：

① 远距离和非接触测温（适合于高速运动体、旋转体、带电体和高温、高压物体的测温）；

② 反应速度快（无须达到热平衡，只要接收到辐射即可，反应时间为毫秒甚至微秒级）；

③ 灵敏度高（$P \propto T^4$，T 的微小变化即可引起 P 的较大变化）；

④ 准确度高（不破坏原温度场）；

⑤ 应用范围广。

红外辐射测温方法一般分为全辐射法、亮度法、比色法三种。

目前应用最广的是亮度法测温仪表，其次为全辐射法和比色法测温仪表。为了向较低温度延伸（−50～500℃），采用3～5μm、8～14μm的大气窗口测量目标温度。

3.9.1 全辐射法

全辐射法测量目标所辐射出来的全波段辐射能量来确定物体的温度。它是斯特藩-玻耳兹曼定律的实际应用。依据 $M=\varepsilon\sigma T^4$，ε（法向发射率）已知，测出 M 就可求出 T。

条件：必须用一个标准黑体标定，把目标与黑体辐射相比较。

例如，在相同条件下测出 M 电信号，有

黑体 $$V_b=k\sigma T_b^4 \tag{3-56}$$

目标 $$V_s=k\varepsilon\sigma T_s^4 \tag{3-57}$$

其中，k 是辐射信号转变成电信号的比例常数，它与仪表机械、光学系统尺寸有关，与波长无关。

则 $$\frac{V_b}{V_s}=\frac{k\sigma T_b^4}{k\varepsilon\sigma T_s^4}=\frac{T_b^4}{\varepsilon T_s^4}$$

所以 $$T_s^4=\frac{V_s T_b^4}{\varepsilon V_b}$$

$$T=T_b\sqrt[4]{\frac{V_s}{\varepsilon V_b}}\xlongequal{\text{当}V_s=V_b\text{时}}\sqrt[4]{\frac{1}{\varepsilon}}T_b\text{（}T_b\text{是测量温度，}T\text{是真实温度）} \tag{3-58}$$

只要 ε 知道，T 即可求出。所以 $0<\varepsilon<1$，$T_b<T$，ε 值越大，测量误差越小。这种测温法典型的仪表是辐射温度计。

3.9.2　亮度法

亮度法测量物体某一特征波长或一窄波段上的辐射，与黑体在同一波长或同一窄波段上的辐射相比较来确定物体温度。

定义：若物体在辐射波长为 λ、温度为 T 时的辐射功率，和黑体在辐射波长 λ、温度为 T 时的辐射功率相等，则把温度 T 称为物体在波长 λ 处的亮度温度。

根据普朗克公式　$M_{\lambda bb}(T)=c_1\lambda^{-5}\{\exp[c_2/(\lambda T)]-1\}^{-1}$，当波长比较短时，$\frac{c_2}{\lambda T}\gg 1$，$M_{\lambda bb}(T)\approx c_1\lambda^{-5}\exp\left(-\frac{c_2}{\lambda T}\right)$。

电信号对黑体： $$V_b=kc_1\lambda^{-5}\exp\left(-\frac{c_2}{\lambda T_b}\right) \tag{3-59}$$

电信号对目标： $$V_s=k\varepsilon_\lambda c_1\lambda^{-5}\exp\left(-\frac{c_2}{\lambda T_s}\right) \tag{3-60}$$

$$\frac{V_b}{V_s}=\frac{kc_1\lambda^{-5}\exp\left(-\frac{c_2}{\lambda T_b}\right)}{k\varepsilon_\lambda c_1\lambda^{-5}\exp\left(-\frac{c_2}{\lambda T_s}\right)}=\frac{\exp\left(-\frac{c_2}{\lambda T_b}\right)}{\varepsilon_\lambda\exp\left(-\frac{c_2}{\lambda T_s}\right)}=\frac{1}{\varepsilon_\lambda}\times e^{-\frac{c_2}{\lambda T_b}+\frac{c_2}{\lambda T_s}}$$

$$\frac{\varepsilon_\lambda V_b}{V_s}=e^{-\frac{c_2}{\lambda T_b}+\frac{c_2}{\lambda T_s}}$$

两边取以 e 为底的对数，有

$$\ln\left(\frac{V_b}{V_s}\varepsilon_\lambda\right)=-\frac{c_2}{\lambda T_b}+\frac{c_2}{\lambda T_s}$$

整理为 $T_s=\dfrac{c_2}{\lambda\left[\ln\left(\dfrac{V_b}{V_s}\varepsilon_\lambda\right)+\dfrac{c_2}{\lambda T_b}\right]}$

$$\text{当 } V_s=V_b \text{ 时，} T_s=\frac{c_2T_b}{\lambda T_b\ln\varepsilon_\lambda+c_2}=\frac{1}{1+\dfrac{\lambda T_b}{c_2}\ln\varepsilon_\lambda}T_b\text{。} \tag{3-61}$$

即 ε_λ 越大，测量误差越小。在 ε_λ 已知情况下，只要测出 $\dfrac{V_b}{V_s}$，就能确定目标的温度。

3.9.3 比色法

比色法通过测量两个相邻的特征波长（λ_1，λ_2）上的红外辐射之比来确定物体温度。

目标：

$$M_{\lambda1}(T)=\varepsilon_{\lambda1}c_1\lambda_1^{-5}\exp\left(-\frac{c_2}{\lambda_1T}\right) \tag{3-62}$$

$$M_{\lambda2}(T)=\varepsilon_{\lambda2}c_1\lambda_2^{-5}\exp\left(-\frac{c_2}{\lambda_2T}\right) \tag{3-63}$$

比值为

$$\frac{M_{\lambda1}(T)}{M_{\lambda2}(T)}=\frac{\varepsilon_{\lambda1}}{\varepsilon_{\lambda2}}\left(\frac{\lambda_2}{\lambda_1}\right)^5\exp\left[-\frac{c_2}{T}\left(\frac{1}{\lambda_1}-\frac{1}{\lambda_2}\right)\right] \tag{3-64}$$

同理，黑体为

$$\frac{M_{\lambda1}(T)}{M_{\lambda2}(T)}=\left(\frac{\lambda_2}{\lambda_1}\right)^5\exp\left[-\frac{c_2}{T}\left(\frac{1}{\lambda_1}-\frac{1}{\lambda_2}\right)\right] \tag{3-65}$$

当两者比值相等时，有

$$\frac{\varepsilon_{\lambda1}}{\varepsilon_{\lambda2}}\exp\left[-\frac{c_2}{T}\left(\frac{1}{\lambda_1}-\frac{1}{\lambda_2}\right)\right]=\exp\left[-\frac{c_2}{T}\left(\frac{1}{\lambda_1}-\frac{1}{\lambda_2}\right)\right] \tag{3-66}$$

取对数整理后有

$$\frac{1}{T}-\frac{1}{T_b}=\frac{\ln\varepsilon_{\lambda1}-\ln\varepsilon_{\lambda2}}{c_2\left(\dfrac{1}{\lambda_1}-\dfrac{1}{\lambda_2}\right)} \tag{3-67}$$

分析：λ_1、λ_2 选择恰当，可使 $\varepsilon_{\lambda1}=\varepsilon_{\lambda2}$，目标温度 T 恰好等于同它辐出度比值一样的黑体温度 T_b。双光路比色法可消除环境影响，误差小。

习　题

1. 名词解释：热辐射、辐射效率、辐射对比度、灰体。
2. 什么是普雷夫定则？

3. 简述黑体辐射的几个定律，以及它们的物理意义。

4. 简述热辐射体的基尔霍夫定律。

5. 通用测温方法。

6. 简述红外辐射测温的优点。

7. 简述全辐射法辐射测温原理。

8. 简述亮度温度和比色温度的基本概念和两者的区别。

9. 简述亮度法辐射测温原理。

10. 简述比色法辐射测温原理。

11. 证明黑体辐射曲线在对数坐标上其峰值点的连线是一条直线。

12. 某黑体在某一温度的辐射出射度为 $3.45\times10^5\,W/cm^2$，求这时的光谱辐射出射度最大时所对应的波长 λ_m。

13. 黑体辐射源面积为 $1500cm^2$，温度从700℃升到800℃，辐射功率增加多少？

14. 原子弹爆炸时，在直径为15cm球形区域内产生 1×10^7℃的高温，按黑体辐射处理，试计算：

（1）在这个范围内辐射能密度；

（2）辐射的功率；

（3）辐射最大能量所对应的波长。

15. 已知普朗克公式，试证明 $\lambda_m\nu_m=0.5c$。

16. 已知单位波长间隔的辐射出射度 $M_{\lambda bb}$，试证明对应 $0\sim\infty$ 整个波段内的光子数为 $N=\dfrac{\sigma T^4}{2.75KT}$，其中 K 为玻耳兹曼常数。

17. 当黑体温度为1000K时，试计算：

（1）黑体辐射的峰值波长；

（2）黑体的最大辐出度；

（3）黑体的全辐出度。

18. 已知太阳辐射常数为 $135mW/cm^2$，太阳直径为 $1.392\times10^9\,m$，平均日地距离为 $1.496\times10^{11}\,m$。假设太阳辐射是黑体辐射，试求太阳表面的温度。

19. 已知黑体温度为350K，试求：

（1）在 $3\sim5\mu m$ 波段内的辐出度；

（2）在 $8\sim14\mu m$ 波段内的辐出度；

（3）在波长 $10\mu m$ 处的光谱辐出度；

（4）$8\sim14\mu m$ 波段的辐射占全辐射的比例。

20. 已知某飞机尾喷口的辐射出射度为 $2W/cm^2$，如果它等效为发射率0.9的灰体，飞机尾喷口直径60cm，求在与喷口距离6km处用一直径为30cm的光学系统所接收的辐射通量。

21. 某型坦克开启后，其表面温度为400K，有效辐射面积 $1m^2$。假设表面蒙皮发射率0.9，试求：

（1）辐射峰值波长；

（2）最大辐射出射度；

（3）全辐射出射度；

（4）4～13μm 波段的辐射出射度；

（5）全辐射通量。

22. 某恒星的亮度是太阳亮度的17000倍，太阳表面温度6000K。求该恒星的表面温度。

第4章

红外辐射源

4.1 典型红外辐射源

对红外物理与技术研究具有实际意义的热辐射红外源主要包括三种类型：

① 人工红外源：作为辐射标准或在有源红外装置中使用。包括能斯特（Nernst）灯、发光硅碳棒、碳弧、石英充碘的蛇形钨丝灯或钨带灯、腔型黑体辐射源（俗称黑体炉）这几种类型。

② 目标：红外系统探测的目标，是仪器工作的对象。

③ 背景：干扰红外系统探测的背景辐射。

4.1.1 实用红外辐射源

本小节介绍实验室和光谱仪器中常用的热激发固体红外辐射源——能斯特灯、硅碳棒。

(1) 能斯特灯

它主要用作红外分光光度计中的红外辐射源，是由氧化锆（ZrO_2）、氧化钇（Y_2O_3）、氧化铈（CeO_2）或氧化钍（ThO_2）的混合物烧结成棒状或管状，棒长 2～5cm，直径 1～3mm，两端缠绕铂丝作为电极与电路连接，直流或交流供电，工作温度可达 2000K，室温时是绝缘体，预热（火焰或加热钨丝）到 400℃开始导电（使用前须预热）。它有负温度系数，800℃时电阻大大减小，电路中需加镇流器。供电电路如图 4.1 所示。

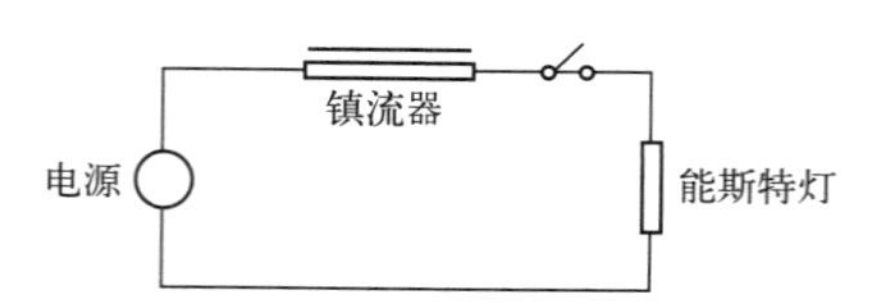

图 4.1 能斯特灯的供电电路

能斯特灯的辐射输出与 900℃黑体的辐射输出之比所表示的光谱特性曲线如图 4.2 所示。可以看出，能斯特灯的光谱在 1～6μm 波段内与选择性辐射体类似，光谱发射率很小；而在 7～15μm 波段就接近黑体辐射，其光谱发射率约为 0.85。能斯特灯的光谱发射率如图 4.3 所示。

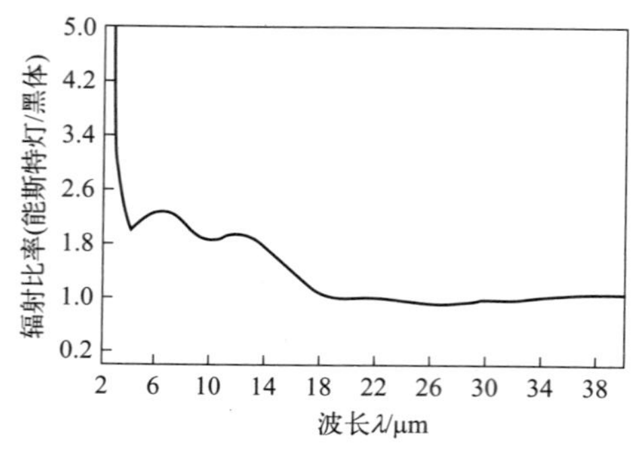

图 4.2 能斯特灯光谱特性曲线

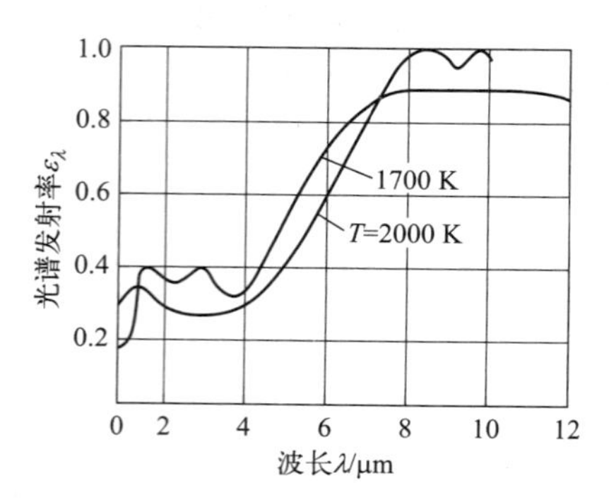

图 4.3 能斯特灯的光谱发射率

由此可见能斯特灯的特点：

① 有效光谱范围：在 15μm 之内，约为 2～15μm，ε 平均为 0.66。波长超过 15μm 则 ε 下降。

② 优点：寿命长，工作温度高，光谱特性好，发射强度高，是理想的中红外辐射源。

③ 缺点：机械强度低。

（2）硅碳棒

它是用碳化硅（SiC）制成的棒状或管状辐射源。室温时是导体，不用预热，两端做成银或铝电极。交流 50V、5A 供电。工作温度 1200～1400K，涂 TiO_2 涂层时可达 2200K。

如图 4.4 所示，硅碳棒两端粗是为了降低电阻值，保证工作状态时呈冷态。为改善辐射特性，可将棒开一个长 5cm、宽 1mm 长条形槽作为发射面，凹槽辐射近似黑体辐射。

图 4.5 给出硅碳棒输出与 900℃黑体输出之比所表示的光谱特性曲线，图 4.6 为硅碳棒的光谱发射率与波长的关系。可以看出，硅碳棒有效光谱范围为 2～15μm，ε＝0.8。

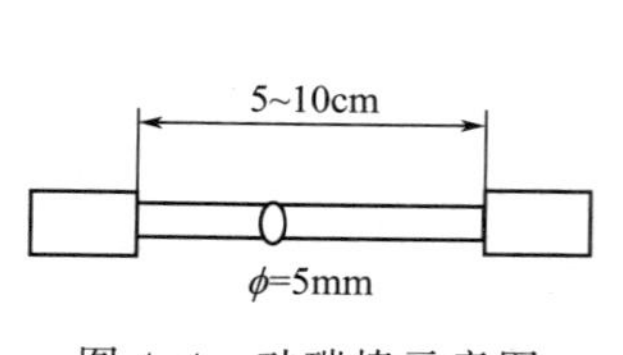

图 4.4 硅碳棒示意图

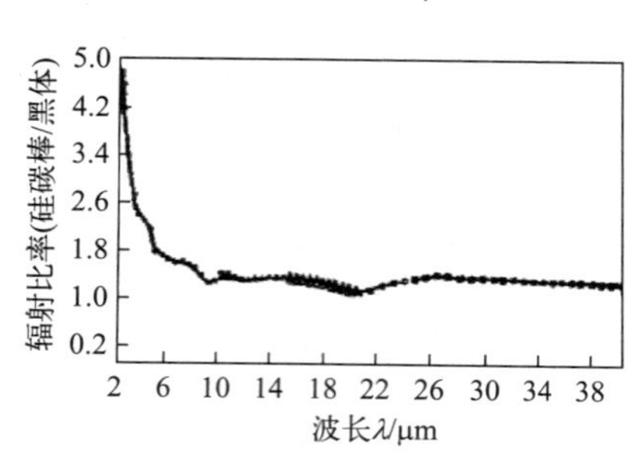

图 4.5 硅碳棒光谱特性曲线

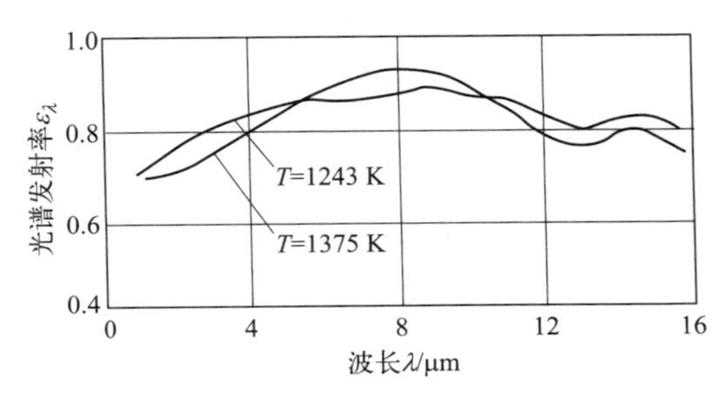

图 4.6　硅碳棒的光谱发射率

4.1.2　腔型黑体辐射源

等温密闭空腔中的辐射是黑体辐射。等温密闭空腔开一个小孔，小孔的辐射逼真地模拟了黑体辐射，把模拟的符合程度叫发射率，将这套模拟装置称为黑体炉——黑体辐射源。

(1) 用途和分类

主要用于红外设备的绝对校准。

按辐射腔口的口径分类：

大型：$\phi \geqslant 30$mm。中型：$\phi 10 \sim 30$mm。小型：$\phi \leqslant 10$mm。

按工作温度的范围来分类：

高温：≥1000K。中温：1000～500K。低温：≤500K。

黑体炉应满足要求：

① 空腔内有效发射率（取决于开孔面积、腔体形状、腔体材料）。

② 辐射功率的大小（腔口直径、光阑）。

③ 黑体腔工作波段。

(2) 黑体炉结构

典型的腔型黑体辐射源的结构如图 4.7 所示。主要由腔体的黑体芯子、加热绕组、测温、控温部分等组成。

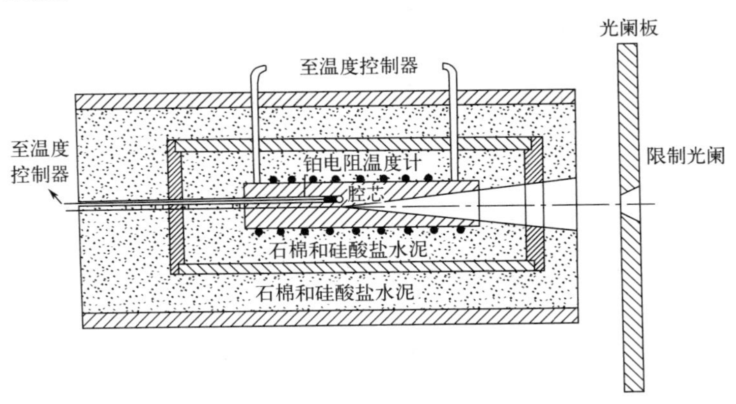

图 4.7　典型腔型黑体辐射源的构造

(3) 设计制造黑体型辐射源时，应考虑的问题

① 腔型的选择。一般考虑选用圆锥、圆柱或球形腔体。图 4.8 是常见的三种典型腔体结构断面图。其中 L 为腔体长度，$2R$ 为腔的圆形开口直径。

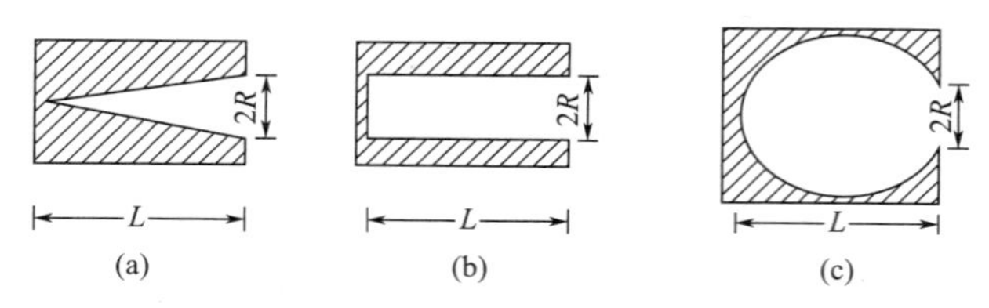

图 4.8 典型腔体结构断面示意图

根据古费（Gouffe）理论，对三种基本腔型比较：对于给定的 L/R 值和相同腔体材料，球形腔的有效发射率最大约等于圆柱腔发射率，锥形腔的有效发射率最小。

制造黑体炉需要考虑因素：体积和重量、均匀加热、易于保温、加工制作难易程度等。圆柱腔、圆锥腔具有较多优点。高、中、低温黑体炉普遍采用圆柱腔，中温工业级黑体炉常采用圆锥腔，仅低温黑体炉采用球形腔。

增加 L/R 值，可提高 ε，但 ε 太大时，均匀加热有困难，一般取 $L/R \geqslant 6$。

提高空腔有效发射率方法：采用部分开口；采用适当的楔形底代替平底。

② 对腔芯材料加热的要求。做成腔体的材料称为腔芯材料。理想的腔芯材料应满足下列三个条件：

a. 具有高的热导率，以减少腔壁的温度梯度，获得均匀温度分布；

b. 在使用温度范围内（尤其在高温时），要有好的抗氧化能力和氧化层不易脱落的性能；

c. 材料的表面发射率要高，并尽可能漫反射。

不过，能满足所有这些要求的材料不多，所以一般采取一些折中：

a. 对于工作温度在 1400K 以上的腔芯，常用石墨或陶瓷制作。为防氧化，常工作在惰性气体中。

b. 在工作温度在 1400K 以下，一般用金属（铁、铸铁、紫铜等）制作，最好是用铬镍（18-8 系列）不锈钢，它有良好的热导率，加热到 300℃，表面则变暗，ε 达到 0.5；用铬酸和硫酸处理表面，ε 可达 0.6；将表面加热到 800℃，则表面形成一层 ε 为 0.85 的稳定性很高又很牢固的氧化层，这就是“不锈钢氧化发蓝处理技术”。

c. 低于 600K 的腔芯可用铜制作，热导率较高，但氧化层不稳定。

为增加腔壁的 ε，常采用的方法有：可对其表面进行粗糙加工，不用进行磨光和抛光；表面抛光后，接着用液体抛光，以形成好的漫反射体；腔壁涂高发射涂层（缺点是在温度较高时，涂层会脱落）。

③ 腔体的等温加热。开口处温度低，所以一般要求其恒温区越长越好，恒温区做得很长是很困难的，通常 1/3～2/3 的恒温区就可满足一般实验室的要求。

加热方法：

a. 热丝加热：通常采用热丝加热，即通过绕在腔芯外围的镍铬丝热丝进行加热，为改善腔体温度的均匀性，常采用“无感加热丝的特定绕法及合理的轴向密度分布技术”。这种技术可以做到：

• 改变腔芯的外形轮廓，使其任一点上腔芯的横断面积相等，以保证每一加热线圈所加热的腔芯体积不变。

• 改变线圈密度，即绕组间隔分布合理，中间稀疏，后端稍密，越靠近腔口越密，以弥补其热损失；

• 用两组或三组热丝。

该方法简便，造价低，但炉温均匀性稍差。

b. 恒温热流法：用高温气体加热，这种方法均匀性好，但其成本要高得多。

c. 热管技术：用液态金属循环。工质是正辛烷，不锈钢作管壳。升温快，发射率高，工作范围窄，尚不流行。

总之，应尽可能使 T 均匀分布，以保证空腔发射谱的光谱质量。

④ 腔体的温度控制和测量。测控温精度是由黑体辐射精度确定的。恒温区的测量通常有两种方法，一种是测量腔壁的温度，另一种是测腔内沿轴线的温度分布。因为 $M_{bb}=\varepsilon_0\sigma T^4$，$\varepsilon_0$ 为黑体型辐射源的有效发射率，T 为腔体的工作温度。如果该温度有一个微小的变化 dT，则引起源的 M 变化为 $dM=\varepsilon_0\sigma 4T^3 dT$，$M$ 的相对变化为 $\frac{dM}{M}=4\frac{dT}{T}$。这说明：腔体温度变化对辐出度变化的影响是很大的。对黑体的温度的控制和测量以及温度稳定性，直接影响黑体的性能好坏。若保证 1%的能量精度，则控温相对精度为 0.25%，即 1000K 黑体炉，控制测量精度在 2.5℃以内。若保证 0.5%的能量精度，则控温相对精度为 0.1%，即 1000K 黑体炉，控制测量精度在 1℃以内。由于腔体不可能绝对恒温，所以测温点的选择就非常重要。一般规定，对圆柱形腔，测温点取在腔的底部中央；对圆锥形腔，测温点在锥顶点处；对球形腔，测温点取在开口的对称中心位置。温度计量一般用热电偶，有铂铑合金、镍铬合金或铂电阻温度计三种。

常用的温度控制方法是人工控制输入电压和自动电子精密控温器两种方式。一般采用铂电阻反馈、桥路平衡、晶闸管调功等原理。

⑤ 炉体的保温。炉体保温性能的好坏是缩小炉体外形尺寸的关键，应尽量减少炉体径向散热。一般用绝缘材料：蛭石水泥、石棉或硅酸铝纤维。在绝热层中采用“镀银的真空石英杜瓦瓶套管技术”，阻止热传导的影响；在内壁镀银，形成高反射膜，减少径向散热，使辐射束截面上辐射亮度均匀，更接近黑体辐射特性。

⑥ 限制光阑。光阑黑体的前方紧挨开口处应放置光阑盘，且用水冷，以降低黑体前表面的辐射。由于光阑的存在，黑体辐射源有一定的使用视场，如图 4.9 所示。通常国家计量院在标定黑体时，只标定腔底部的温度，所以一般腔的底部及光阑决定了它的视场。一般要在黑体的视场范围内进行测量等操作。计算时，光阑孔就是源，辐射面积用光阑实际面积，距离必须从光阑孔算起。

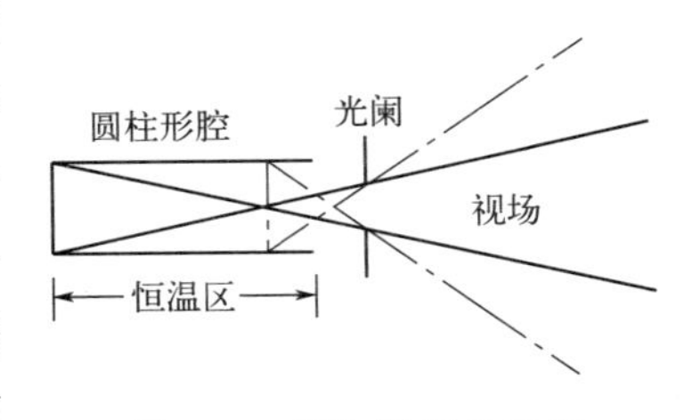

图 4.9　黑体视场的示意

总之，黑体辐射源的技术指标包括有效发射率、温度范围、孔径尺寸、加热时间、重量、黑体整体尺寸、控温精度、温度稳定性、视场及恒温区等几方面。要根据使用的场合和目的，合理选择和设计黑体。

4.1.3 低频调制时的黑体源辐射计算

为了使探测器接收到交变的辐射信号，实验中经常在限制光阑孔附近放置一个边缘上开有等宽齿孔的匀速旋转斩波器圆盘，斩波器匀速旋转，周期性地开放和遮挡光阑孔，A_d 上产生周期性变化的辐照度，如图 4.10 所示。

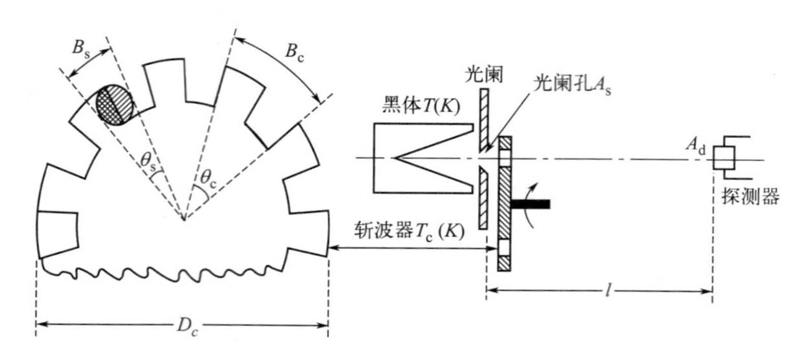

图 4.10 腔型黑体源的低频调制和辐射计算

若 $l \gg 10D_s$（D_s 为光阑孔的直径），则可以按小面源计算。

源在探测器响应元 A_d 上产生的辐照度为

$$E=\frac{M(T)}{\pi}\times\frac{A_s}{l^2}\cos\theta_s\cos\theta_c=\frac{M(T)A_s}{\pi}\times\frac{1}{l^2}=\frac{\varepsilon_0\sigma T^4}{\pi l^2}A_s \tag{4-1}$$

式中，ε_0 为腔型黑体源的有效发射率；T 为腔体温度；A_s 为光阑孔的实际面积。

设在某时刻 t，光阑孔露出面积为 $\widetilde{A}_s(t)$，它的辐出度 $M_s(T)$，即黑体腔口辐出度，光阑孔被斩波器挡住的孔面积为 $A_s-\widetilde{A}_t(t)$，它的辐出度 $M_c(T_c)$ 是斩波器表面的辐出度，T_c 为斩波器的温度，此时在探测器上产生的辐照度为

$$E(t)=\frac{M_s(T)\widetilde{A}_s(t)}{\pi l^2}+\frac{M_c(T_c)}{\pi l^2}[A_s-\widetilde{A}_s(t)]=\frac{1}{\pi l^2}[(M_s-M_c)\widetilde{A}_s(t)+M_cA_s] \tag{4-2}$$

当光阑孔完全露出，$\widetilde{A}_s(t)=A_s$，辐照度 $E(t)$ 最大，为：$E_{max}=\frac{M_s(T)A_s}{\pi l^2}$。

当光阑孔完全遮挡，$\widetilde{A}_s(t)=0$，辐照度 $E(t)$ 最小，为：$E_{min}=\frac{M_c(T_c)A_s}{\pi l^2}$。

随着斩波器匀速旋转，探测器上的辐照度 $E(t)$ 就在 E_{max} 与 E_{min} 之间周期性变化。其变化的幅度，即辐照度变化的峰-峰值为

$$E_{s.s.}=E_{max}-E_{min}=\frac{1}{\pi l^2}[M_s(T)-M_c(T_c)]A_s \tag{4-3}$$

辐照度 $E(t)$ 变化的幅度为 $E_{s.s.}$，但它随时间变化的函数形式 $E(t)$ 却很复杂，并取决于比值 θ_s/θ_c 的大小。其中，θ_s 为光阑孔对斩波器中心的张角；θ_c 为斩波器一对齿孔对其中心的张角。

定性讨论：当 $\theta_s=\theta_c/2$ 时，$E(t)$接近（但不严格等于）正弦变化；当 $\theta_s<\theta_c/2$ 时，$E(t)$接近梯形变化；当 $\theta_s\ll\theta_c/2$ 时，$E(t)$ 近似为方波，如图 4.11 所示。

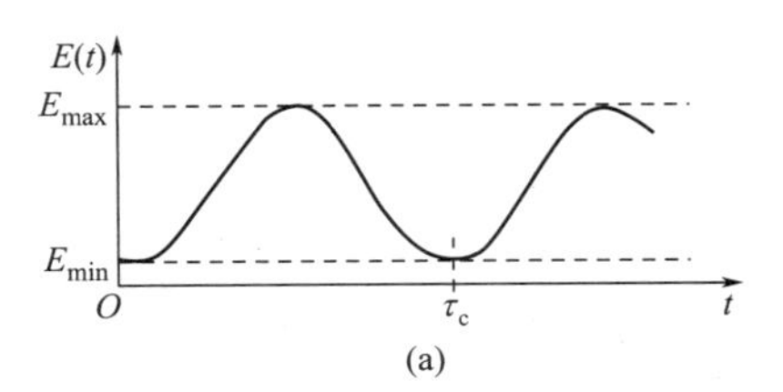

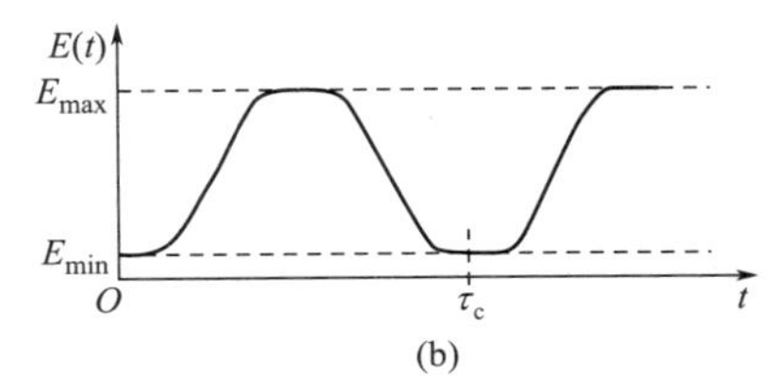

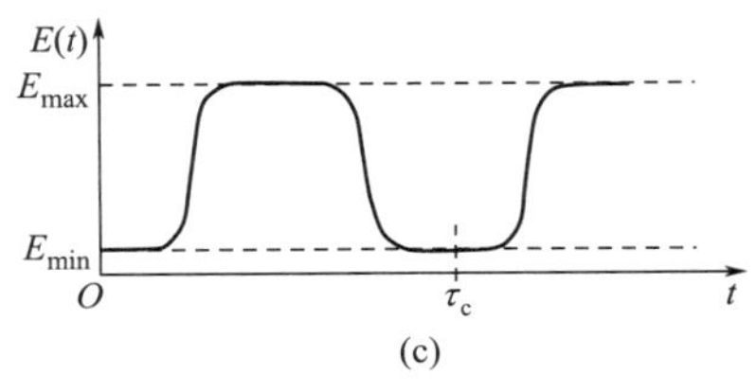

图 4.11　三种不同的 θ_s/θ_c 时辐照度的变化

可以证明，当斩波器直径大于光阑孔直径 10 倍时，如果斩波器扇形开口接近矩形，以致它绕轴的圆周运动可以近似做直线运动处理时（此时只要满足 $\theta_s/\theta_c=0.87$），那么 $E(t)$ 的变化可以看作等效正弦调制，有

$$E(t)=\frac{1}{\pi l^2}[M_s(T)-M_c(T_c)]A_s\times\frac{\widetilde{A}_s(t)}{A_s}+\frac{1}{\pi l^2}M_c(T_c)A_s \tag{4-4}$$

$$E(t)=E_{s.s.}\times\frac{\widetilde{A}_s(t)}{A_s}+E_{min} \tag{4-5}$$

这表明：$E(t)$和 $\widetilde{A}_s(t)$随时间变化具有相同的周期 τ_c，并等于斩波器转过一对齿孔（即旋转 θ_c 角）所需要的时间。因为两者变化角频率：

$$\omega_c=2\pi f_c=2\pi/\tau_c$$

其中，$f_c=nf_r$ 是 $E(t)$或 $\widetilde{A}_s(t)$的变化频率；f_r 为斩波器的转速，rad/s；n 为斩波器齿孔对数目。

如果把 $E(t)$随时间变化的部分 $\widetilde{A}_s(t)/A_s$ 展开成傅里叶级数：

$$\frac{\widetilde{A}_s(t)}{A_s}=\frac{a_0}{2}+\sum_{k=1}^{\infty}(a_k\cos k\omega_c t+b_k\sin k\omega_c t) \tag{4-6}$$

那么，一旦求出光阑孔随时间变化的函数形式，即可得到 $\widetilde{A}_s(t)$的表示式。只要适当选择 t 轴坐标原点，则 $\widetilde{A}_s(t)$将是个偶函数，即所有 $b_k=0$。于是有

$$E(t)=E_{s.s.}\left(\frac{a_0}{2}+\sum_{k-1}^{\infty}a_k\cos\omega_c t\right)+E_{min} \tag{4-7}$$

当 $k=0$ 时，得到辐照度直流成分［即 $E(t)$的平均值］：$E_0=\frac{a_0}{2}E_{s.s.}+E_{min}$。

当 $k=1$ 时，可得到辐照度的基频成分：$E_1(t)=E_{s.s.}a_1\cos(\omega_c t)$。

当 $k=2$ 时，可得到辐照度的二次谐波成分：$E_2(t)=E_{s.s.}a_2\cos(2\omega_c t)$。

在电子学上，有意义的往往是计算辐照度基频成分的均方根值 E_{1rms}：

$$E_{1\mathrm{rms}}=\left[\frac{1}{\tau_c}\int_o^{\tau_c}E_1^2(t)\mathrm{d}t\right]^{1/2}=C_{\mathrm{rms}}E_{\mathrm{s.s.}} \tag{4-8}$$

式中，$C_{\mathrm{rms}}=a_1/\sqrt{2}$，称为均方根转换系数，大小取决于斩波器一对齿孔与光阑孔宽度的比值 B_c/B_s（或其张角比 θ_c/θ_s）。

表 4.1 为各种辐射调制波形对应的均方根转换系数 C_{rms}，而表 4.2 列出了与不同的比值 B_c/B_s 相对应的 C_{rms} 值。

表 4-1　与不同调制波形对应的 C_{rms} 值和辐照度基频均方根值

调制前	调制后			
恒定辐射	波形	特征	C_{rms}	$E_{1\mathrm{rms}}$
$E_{\mathrm{s.s.}}$, O, t		等效正弦波	$\frac{1}{2\sqrt{2}}\approx 0.3535$	$\frac{1}{2\sqrt{2}}E_{\mathrm{s.s.}}$
		方波	0.45	$0.45E_{\mathrm{s.s.}}$
		等腰梯形波	$0.286<C_{\mathrm{rms}}<0.45$	$C_{\mathrm{rms}}E_{\mathrm{s.s.}}$
		三角波	0.286	$0.286E_{\mathrm{s.s.}}$

表 4-2　具有不同 B_c/B_s 值的均方根转换系数

B_c/B_s	1.0	1.5	2.0	2.5	3.0	5.0	8.0	10.0
C_{rms}	0.325	0.391	0.416	0.428	0.435	0.445	0.448	0.449

最后应该指出：斩波器紧靠光阑孔时，θ_s 才有意义，才能代表光阑孔对斩波器中心的张角；若用光学系统把光阑孔成像在斩波器表面上，则 θ_s 代表像对斩波器的中心的张角；若斩波器紧靠探测器，则探测器被照部分 $E(t)$ 不变，但 A_d 接收辐射的面积被调制，因而接收到的功率 P 也在做周期性变化。

4.2　古费理论

基尔霍夫定律证明：密闭空腔的辐射是黑体辐射。但实际用的黑体辐射源都是开有小孔的空腔。从小孔入射的辐射总有一部分从小孔逸出，ε 略小于 1，其与绝对黑体差别究竟有多大，许多科学家做了大量工作，并提出诸多理论，如巴莱克理论、Gouffe 理论、Devos 理论等。

4.2.1　腔型辐射体的有效发射率

古费（Gouffe）理论适用于球形腔、圆柱形腔、圆锥形腔的有效发射率的简便计算。古费理论核心内容是确定腔体的有效发射率 ε_0 随着腔体内表面发射率 ε 和腔体几何参数 R/L 的变化而变化的规律。黑体的腔体效应如图 4.12 所示。

如何确定 ε_0？假设存在一个腔体不透明 $\tau=0$ 的朗伯体，$\varepsilon \neq \varepsilon_0$。如果从孔射入一束辐射，在第二次反射后，辐射在腔内是均匀分布的。推导方法：有效发射率 $\rho_0=\dfrac{P_r}{P_0}$，因为 $\alpha_0+\rho_0+\tau=1$，$\tau=0$,所以 $\varepsilon_0=\alpha_0=1-\rho_0$。

如图 4.13 所示，设入射功率 P_0，在 x 点的光斑面积为 $\Delta S(x)$，则 $E(x)=\dfrac{P_0}{\Delta S(x)}$，且在 x 点反射，若把 x 点看成新辐射源，其辐出度 $M(x)=\rho E(x)=\dfrac{\rho P_0}{\Delta S(x)}$，腔壁的反射率为 ρ。

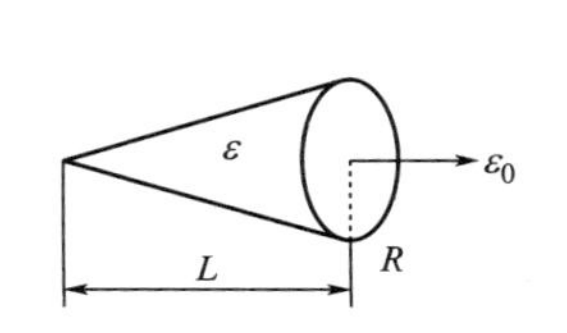

图 4.12　黑体的腔体效应示意图

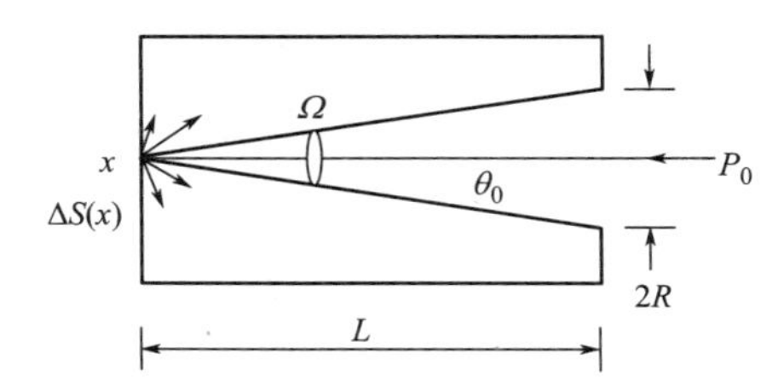

图 4.13　古费表示式推导示意图

假设第一次反射功率为 P'，第一次反射后留在腔内的功率为 P_1，则第一次反射到腔内的辐射功率 $P'=M(x)\Delta S(x)=\rho P_0$。假设第一次反射从腔孔逸出部分为 $\Delta P_1=P'-P_1$。根据朗伯余弦定律，有：

$$\begin{aligned}\Delta P_1 &=\int_\Omega \mathrm{d}^2 P=\int_\Omega L\Delta S(x)\cos\theta \mathrm{d}\Omega=\frac{M(x)}{\pi}\Delta S(x)\int_\Omega \cos\theta \mathrm{d}\Omega \\ &=M(x)\Delta S(x)\frac{1}{\pi}\int_\Omega \cos\theta \mathrm{d}\Omega \\ &=M(x)\Delta S(x)F(x,\Omega)=\rho P_0 F(x,\Omega)\end{aligned} \tag{4-9}$$

其中，$F(x,\Omega)=\dfrac{1}{\pi}\int_\Omega \cos\theta \mathrm{d}\Omega$，定义为腔孔角度因子。

第一次留在腔内的功率：

$$P_1=P'-\Delta P_1=\rho P_0-\rho P_0 F(x,\Omega)=\rho P_0[1-F(x,\Omega)] \tag{4-10}$$

第二次反射到腔内的功率 $P''=\rho P_1$，逸出腔口 ΔP_2，留在腔内 P_2。

假设：经第二次反射后，辐射功率 P'' 将均匀辐照整个空腔内壁。因为腔孔面积为 A，腔内壁总面积（包括腔孔面积）为 S_t，所以 P'' 中有 $\dfrac{A}{S_t}$ 的分量从腔孔逸出，即

$$\Delta P_2=\frac{A}{S_t}P''=\frac{A}{S_t}\rho P_1 \tag{4-11}$$

第二次留在腔内的功率：

$$P_2=P''-\Delta P_2=\rho P_1-\rho P_1\frac{A}{S_t}=\rho P_1\left(1-\frac{A}{S_t}\right) \tag{4-12}$$

经第三次反射到腔内的功率 $P'''=\rho P_2$，逸出腔口 ΔP_3，留在腔内 P_3。

因为逸出，即

$$\Delta P_3=\rho P_2\frac{A}{S_t}=\rho\rho P_1\left(1-\frac{A}{S_t}\right)\frac{A}{S_t}=\rho^2P_1\left(1-\frac{A}{S_t}\right)\frac{A}{S_t} \tag{4-13}$$

所以留在腔内：

$$\begin{aligned}P_3&=P'''-\Delta P_3=\rho P_2-\rho P_2\frac{A}{S_t}=\rho P_2\left(1-\frac{A}{S_t}\right)\\&=\rho\rho P_1\left(1-\frac{A}{S_t}\right)\left(1-\frac{A}{S_t}\right)=\rho^2P_1\left(1-\frac{A}{S_t}\right)^2\end{aligned} \tag{4-14}$$

同理，对第 n 次反射：

逸出：

$$\Delta P_n=\rho P_{n-1}\frac{A}{S_t}=\rho^{n-1}P_1\frac{A}{S_t}\left(1-\frac{A}{S_t}\right)^{n-2} \tag{4-15}$$

故总逸出：

$$\begin{aligned}P_r&=\Delta P_1+\Delta P_2+\Delta P_3+\cdots+\Delta P_n+\cdots\\&=\Delta P_1+\frac{A}{S_t}\rho P_1+\frac{A}{S_t}\left(1-\frac{A}{S_t}\right)\rho^2P_1+\cdots+\frac{A}{S_t}\left(1-\frac{A}{S_t}\right)^{n-2}\rho^{n-1}P_1+\cdots\\&=\Delta P_1+\frac{A}{S_t}\rho P_1\left[1+\left(1-\frac{A}{S_t}\right)\rho+\left(1-\frac{A}{S_t}\right)^2\rho^2+\cdots+\left(1-\frac{A}{S_t}\right)^{n-2}\rho^{n-2}+\cdots\right]\\&=\Delta P_1+\frac{A}{S_t}\rho P_1\frac{1}{1-\rho\left(1-\frac{A}{S_t}\right)}\\&=\rho P_0F(x,\Omega)+\frac{A}{S_t}\rho^2P_0[1-F(x,\Omega)]\frac{1}{1-\rho\left(1-\frac{A}{S_t}\right)}\end{aligned} \tag{4-16}$$

则有效反射率为

$$\rho_0=\frac{P_r}{P_0}=\rho F(x,\Omega)+\frac{[1-F(x,\Omega)]\frac{A}{S_t}\rho^2}{1-\rho(1-A/S_t)} \tag{4-17}$$

式中，$\rho=1-\varepsilon$ 为腔壁材料反射率；ε 为内表面发射率；$\varepsilon=\alpha$，$\tau=0$，$\rho=1-\varepsilon$。根据基尔霍夫定律，腔孔的有效反射率为：

$$\varepsilon_0=\alpha_0=1-\rho_0=\!=\frac{\varepsilon\left\{1+(1-\varepsilon)\left[\frac{A}{S_t}-F(x,\Omega)\right]\right\}}{\varepsilon\left(1-\frac{A}{S_t}\right)+A/S_t} \tag{4-18}$$

4.2.2 角度因子的推导和有效发射率的简化

$F(x,\Omega)$是腔孔的角度因子式。$F(x,\Omega)$与位置有关，计算所有 x 点的$F(x,\Omega)$很复杂，只计算入射垂直于腔孔表面的特殊情况。

$$F(x,\Omega)=\frac{1}{\pi}\int\cos\theta\mathrm{d}\Omega=\frac{1}{\pi}\int_0^{2\pi}\mathrm{d}\varphi\int_0^{\theta_0}\cos\theta\sin\theta\mathrm{d}\theta$$

$$=\sin^2\theta_0=R^2/(L^2+R^2) \tag{4-19}$$

若设 $g=R/L$ 为腔的几何因子，则

$$F(x,\Omega)=\frac{R^2}{R^2+L^2}=\frac{\frac{R^2}{L^2}}{1+\frac{R^2}{L^2}}=\frac{g^2}{1+g^2}=g^2\left(\frac{1}{1+g^2}\right) \tag{4-20}$$

对于圆形孔的圆锥腔、圆柱腔和球形腔，如图 4.14 所示，还可将$\frac{A}{S_t}$进一步表示为：

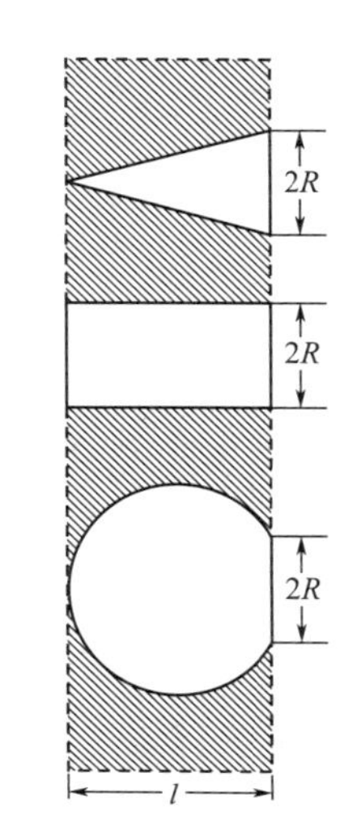

图 4.14　三种典型的腔体结构

圆孔圆锥腔：

$$\frac{A}{S_t}=g\left(\frac{1}{g+\sqrt{1+g^2}}\right)\approx g\ \frac{1}{1+g}=\frac{g(1-g)}{1-g^2}\approx g(1-g) \tag{4-21}$$

圆孔圆柱腔：$$\frac{A}{S_t}=\frac{1}{2}g\left(\frac{1}{1+g}\right)\approx\frac{1}{2}g(1-g) \tag{4-22}$$

圆孔球形腔：$$\frac{A}{S_t}=g^2\left(\frac{1}{1+2g^2}\right)\approx g^2 \tag{4-23}$$

对于常用的腔体 $g=R/L\ll 1$，$F(x,\Omega)\approx g^2$，并且等于圆孔球形腔的 A/S_t 值。若将该值特别用 A/S_0 表示，并代入 ε_0 表达式，则：

$$\varepsilon_0=\frac{\varepsilon\left[1+(1-\varepsilon)\left(\frac{A}{S_t}-\frac{A}{S_0}\right)\right]}{\varepsilon\left(1-\frac{A}{S_t}\right)+\frac{A}{S_t}}=\varepsilon_0'(1+K) \tag{4-24}$$

该式中引入参数

$$K=(1-\varepsilon)\left(\frac{A}{S_t}-\frac{A}{S_0}\right),\quad \varepsilon_0'=\frac{\varepsilon}{\varepsilon\left(1-\frac{A}{S_t}\right)+\frac{A}{S_t}}$$

根据前述各有关公式，可以绘制图 4.15、图 4.16。图 4.15 给出了三种腔体的 A/S_t 值，图 4.16 给出了三种腔体的 ε_0' 值，利用这些图，可方便计算腔孔的有效发射率 ε_0。

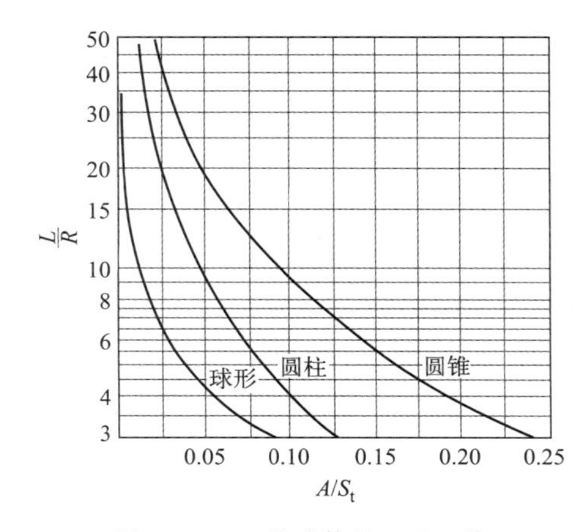

图 4.15　三种腔体的 A/S_t 值

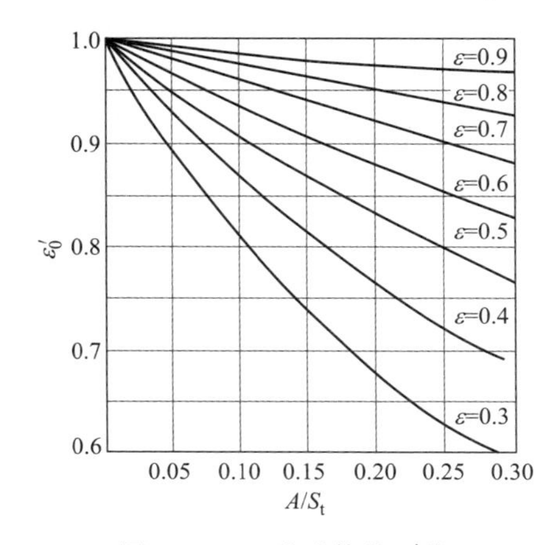

图 4.16　三种腔体的 ε_0' 值

其用法如下：根据给定的腔体形状和 L/R 值（即 $1/g$），从图 4.15 可查出比值 A/S_t；根据给定的腔壁发射率 ε 和由图 4.15 查出的 A/S_t 值，在图 4.16 上查出相应的 ε_0' 值；对于球形腔，因 $A/S_t=A/S_0$，即 $K=0$，故查出的 ε_0' 就是球形腔的 ε_0 值。对于圆柱腔或圆锥腔，根据相同的 L/R，从图 4.15 查出 A/S_t 和相应的 A/S，即“球形”曲线对应的 A/S_t，以查出的这两个比值，先计算 K 值，并且利用图 4.16 查出 ε_0' 值，最后计算出腔的有效发射率 ε_0。

如果为了限制腔的开口孔径，做成如图 4.17 所示的孔径 $R'<R$ 的腔，则计算 ε_0 时应该做如下修正：

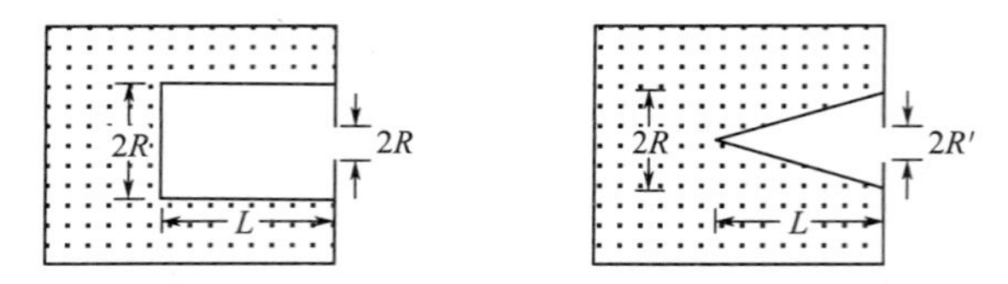

图 4.17 具有限制腔孔的圆柱和圆锥形腔

此时腔体内表面的总面积 S_t 没有改变，而腔孔面积变为

$$A'=\pi(R')^2=\pi R^2\left(\frac{R'}{R}\right)^2=A\left(\frac{R'}{R}\right)^2 \tag{4-25}$$

腔孔面积与腔内壁总面积之比变为 $\dfrac{A'}{S_t}=\dfrac{A}{S_t}\left(\dfrac{R'}{R}\right)^2$。因此，当已知腔长 L、圆柱或圆锥腔底半径 R 和腔孔半径 R' 时，应如此计算 ε_0：

① 首先用 L/R 值查出 A/S_t，计算出 A'/S_t，利用该值和给定的 ε 查出 ε_0'。

② 其次根据 L/R' 值查出 A'/S_0，求出 K。

③ 最后由 ε_0' 和 K，计算 ε_0。

结论：

① 腔孔的有效发射率 ε_0 总是大于腔壁材料的发射率 ε，此现象称为腔体效应；

② 取 L/R 相同，ε 越大则 ε_0 也越大；

③ ε 值一定，L/R 值越大，则 ε_0 也越大；

④ 对于同一 L/R 值，腔的内表面积越大，则 ε_0 也越大。即对于同一 L/R 值，球形腔 ε_0 最大，圆柱腔次之，圆锥腔最小；

⑤ 若 ε 足够大，L/R 足够大，ε_0 将与波长无关，且趋于 1，因此空腔辐射在此条件下可视为黑体源。

习 题

1. 已知空腔材料发射率为 0.5，腔长与开口半径之比等于 9，求：

（1）球形腔的发射率；

（2）圆筒形腔的发射率；

（3）圆锥形腔的发射率。

2. 已知球形腔材料发射率 0.8，开口为直径 20mm 的圆形，若想使其发射率达到 0.998，求其腔长。

3. 设计一个圆柱形黑体，材料发射率 0.85，腔体开口半径为 1cm，腔体长度 $L=6\text{cm}$，求该黑体的有效发射率。

4. 如图 4.18 所示，一个圆柱-圆锥形空腔，圆柱部分长 $l=5.4\text{cm}$，半径 $R=1.5\text{cm}$，开口半径 $r=1.0\text{cm}$，圆锥部分高 $h=2.6\text{cm}$，顶角 $\theta=60°$，腔壁发射率 $\varepsilon=0.78$，求：腔孔的有效发射率。

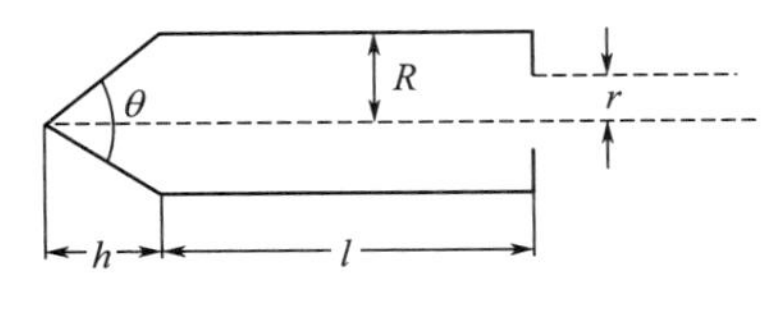

图 4.18　习题 4 图

5. 若将太阳和地球都看成黑体，已知太阳的平均直径为 $D=1.39\times10^{9}\text{m}$，太阳表面温度 5900K，地球到太阳的距离为 $l=1.49\times10^{11}\text{m}$，试估计：

（1）地球的表面温度；

（2）太阳常数；

（3）若地球大气吸收太阳辐射能的 10%，太阳的仰角为 30°时，地面上 5000m^2 区域接受的辐射功率。

6. 温度 $T=1000\text{K}$ 的红外星球，对直径为 1m 的红外望远镜张开的立体角为 $\Omega=0.25\times10^{-6}\text{sr}$，此望远镜工作于 $10\mu\text{m}$，波段间隔 $1\mu\text{m}$。求入射到红外望远镜上的辐射功率。

7. 在 $10\mu\text{m}$ 处，大气透射率 0.8，求温度为 300K 的大气，在红外望远镜上形成的背景辐射功率。

8. 一涡轮喷气式飞机，喷口直径 53.8cm，假设尾喷口等效为发射率 0.9 的灰体，尾喷口温度为 773K，求：

（1）尾喷口的辐射亮度；

（2）如果四个尾喷口全部在视场内，忽略大气衰减，探测到的辐射强度。

9. 已知飞机尾喷口的辐射出射度为 2W/cm^2，若等效于发射率为 0.9 的灰体，飞机尾喷口直径为 60cm，求在与尾喷口相距 6km 处的直径为 30cm 的光学系统接收的辐射通量。

10. 设一坦克在长时间开动后，其表面温度达到 400K，有效面积为 1m^2，坦克蒙皮的发射率 0.9，求：

（1）辐射的峰值波长；

（2）最大辐出度；

（3）$4\sim13\mu\text{m}$ 波段的辐出度；

（4）全辐出度；

（5）全辐射通量；

（6）$3\sim20\mu\text{m}$ 的辐射占总辐射的比例。

第5章

红外探测器

本章着重介绍红外探测器的分类、特性参数和设计基本原理。

5.1 红外探测器的分类

红外探测器是把入射的红外辐射能转变成其他形式能量（多数是电能）的辐射能转换器；或是把辐射能转换为另一种可测量的物理量（如电压、电流或探测材料的某一物理特性的变化或使感光底片变黑）的传感器。

从赫谢耳使用的涂黑灵敏温度计开始，随着固体物理学、半导体物理学与器件的发展，到目前已研制出结构新颖、灵敏度高、响应快、品种繁多的红外探测器。图 5.1 列出了 0.2～50μm 波段上常用的一部分探测器。箭头指明了每一探测器响应的波长间隔。

由图 5.1 可知：大多数探测器只响应某一有限的波长间隔，必须在低温下才能使用。

红外探测器有如下分类：

(1) 当目的是产生景物的图像时

① 成像探测器→可直接成像（像片底片）；

② 点探测器→对景物依序扫描，方能构成图像。

差别是响应时间不一样。成像型对整个像不间断地响应；点型必须依序探测各个像素。一组点探测器组可以合成镶嵌器件成像探测器。

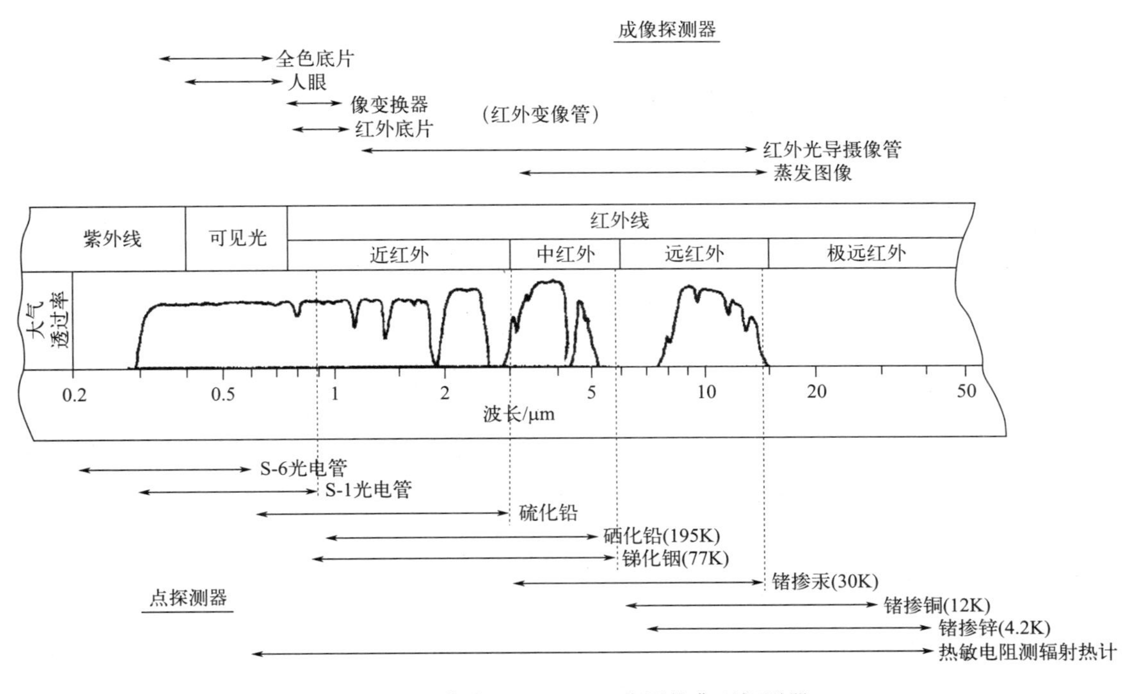

图 5.1　工作在 0.2～50μm 范围的典型探测器

(2) 不成像，而是搜索或跟踪运动目标

① 按探测机理可分为：

a. 热探测器：也称热敏探测器。根据入射辐射的热效应引起探测材料某一物理性质变化，如温差电动势、电阻率、自发极化强度、气体体积与压强等而工作的一类探测器。响应正比于所吸收的能量。

b. 光子探测器：也称光电探测器。利用入射的光子流与探测材料中的电子之间的作用产生的光子效应的变化而工作的一类探测器。响应正比于吸收的光子数。

② 根据工作温度分：

a. 低温：需用液态 He、Ne、N_2 制冷。

b. 中温：195～200K 热电制冷。

c. 室温：环境温度。

③ 根据结构和用途分：

a. 元型（单元）探测器。

b. 多元（镶嵌）。

c. 成像探测器。

④ 从响应波段分：

a. 近红外探测器。

b. 中红外探测器。

c. 远红外探测器。

5.2 红外探测器的性能指标

为选择和比较不同探测器的性能，必须使用一些性能参数来表征探测器的工作特性，这些性能参数就是探测器的性能指标或优值。它比电子学器件参数要复杂得多，因为它要牵涉两种不同的物理量（辐射量、电量），是一个比较复杂的量。图 5.2 是一个红外探测器的功能示意图，输入的是红外辐射，输出的是电压或电流信号。

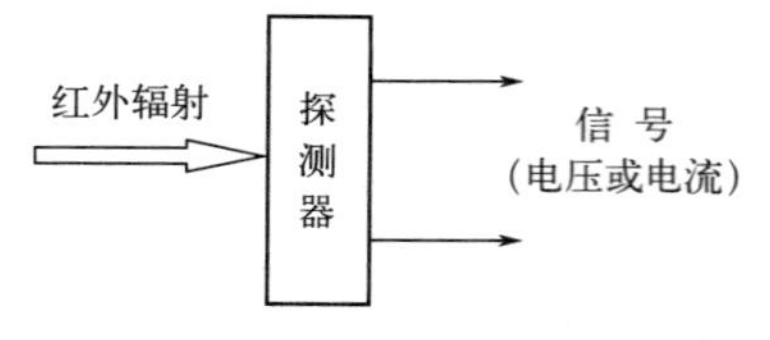

图 5.2 红外探测器的功能示意图

红外探测器的优劣，主要从三个方面描述：对辐射的探测能力，响应的波长范围，响应速度。

5.2.1 响应度

说明单位入射功率产生信号大小能力的性能指标是响应度 R，指输出的电压或电流与输入的红外辐射功率之比，叫作响应度，也称响应率，分别记为 R_v 和 R_i。

如果考虑探测器的输入和输出都是被调制的交变量，则严格定义为：入射辐射垂直投射到探测器响应平面，探测器的基频输出信号电压（开路）的均方根值或基频信号电流（短路）的均方根值，与入射辐射功率的基频均方根值之比。

$$R_v=\frac{V_{s,rms}}{P_{s,rms}}\text{，单位 V/W}$$

$$R_i=\frac{I_{s,rms}}{P_{s,rms}}\text{，单位 A/W}$$

它与入射辐射光谱、调制频率、探测器偏置、工作温度有关，使用时应表明测量条件。

测量条件：

① 500K 的黑体辐射源；

② 入射辐射进行“正弦调制”，则输出电压也是按正弦变化的交变电压。

③ 输入的 P 与输出的 V 都要用均方根值（电压平方，对时间平均再开方）。

④ 输出电压必须用开路电压，以避免线路因子的影响。

⑤ 输入辐射功率的大小，必须选择在 $V\propto P$ 成正比的范围内。

在使用 R 时，必须标明辐射源的黑体温度（T），或某一单色辐射的波长和正弦调制的频率。其他条件不用标出，但测量时必须遵守，例如 $R_{bb}(b,f,T)$、$R(b,f,\lambda)$。

5.2.2 光谱响应

在入射辐射功率、调制频率和偏值固定时，红外探测器的响应度 $R(b,f,\lambda)$ 随入射波长的变化关系称为探测器的光谱响应，通常以 $R(b,f,\lambda)$-λ 曲线给出。图 5.3 是两种典型的光谱响应曲线。这个红外探测器的使用波长，最长只能到 λ_C。

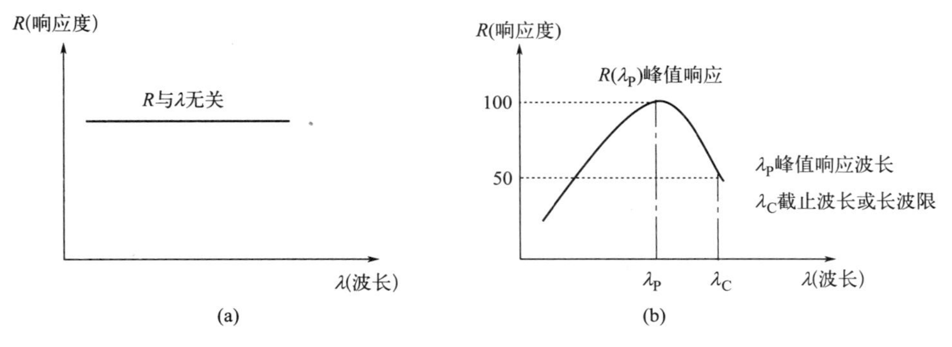

图 5.3　红外探测器的两种典型的分谱响应曲线

5.2.3　噪声电压

仅从 R 的定义来看，不管多小的输出电压，经多级放大都能测出。实际上存在噪声现象会影响输出。这些噪声包括热噪声（载流子的无规热运动）、产生复合噪声（由于晶格的热运动引起载流子产生和复合的起伏）、散粒噪声（电流是带电的微粒，电微粒的涨落引起电流的起伏）、$1/f$ 噪声（一般与表面状态有关）和温度噪声。

任何一个探测器，在它的输出端总是存在着一些毫无规律的、事前无法预测的电压起伏。这些起伏是随机的，按时间性取平均值为零。但是，我们常用仪表所测量的是均方根值，这样存在随机性质的噪声电压，且不为零。若信号电压＜噪声电压，就无法确定真伪，所以需要一个表示这个限度的特性参数——噪声等效功率。

任何探测器都有一个由其本身噪声决定的可探测功率阈值，当辐射功率低于这个阈值时，输出信号淹没在噪声之中。这个阈值叫最小可探测功率，或称噪声等效功率，用符号 NEP 代表。

严格的定义：投射到探测器响应平面上的红外辐射功率所产生的电输出信号正好等于探测器本身的均方根噪声电压时的辐射功率值叫作噪声等效功率，用符号 NEP 代表。意思是说，它对探测器所产生的效果与噪声相等。

NEP 仅仅是一个理论界限。并不是说 $P>$NEP 就一定能探测出来，$P<$NEP 就不可能探测到，利用噪声是无规律的而入射信号是有规律的，设计适当的电路，一般可以测到低于噪声功率的入射信号。一般噪声功率应是入射功率的 2～6 倍。

NEP 是一个可以测量的量。设入射功率为 P，测得探测器输出电压为 V_s，除去辐射源，测得探测器的噪声电压为 V_n，则按比例计算，要使 $V_s=V_n$ 的辐射功率是：

$$\mathrm{NEP}=\frac{P_{s,\mathrm{rms}}}{V_{s,\mathrm{rms}}/V_{n,\mathrm{rms}}}=\frac{P_{s,\mathrm{rms}}}{V_{s,\mathrm{rms}}}V_{n,\mathrm{rms}}=\frac{V_{n,\mathrm{rms}}}{R_v} \tag{5-1}$$

式（5-1）表明：噪声等效功率就是为使探测器产生输出信噪比为 1 所必须入射的红外辐射功率。

此外，噪声电压除与偏置、调制频率及探测器面积有关，还与放大器带宽 Δf 有关。噪声电压与带宽的平方根成正比，即 $V_n \propto \sqrt{\Delta f}$。为明确起见，将 NEP 写成 NEP$(\lambda, f, \Delta f)$。

5.2.4 探测度

NEP越小，探测器探测能力越强，这与人们的心理习惯相悖，所以制定了另外一个特殊参数——探测度，也称探测率，用D表示，$D=\frac{1}{\text{NEP}}$。

经过仔细分析，发现大多数探测器的NEP与面积A的平方根成正比，与带宽Δf的平方根成正比，因而$\text{NEP}/\sqrt{A\Delta f}$就应当与$A$和$\Delta f$没有关系。为此引入一个新参数$D^*$，有

$$D^*=D\sqrt{A\Delta f}=\frac{\sqrt{A\Delta f}}{\text{NEP}}=\sqrt{A\Delta f}\frac{V_{\text{s,rms}}/V_{\text{n,rms}}}{P_{\text{s,rms}}} \quad \text{cm}\cdot\text{Hz}^{\frac{1}{2}}/\text{W} \tag{5-2}$$

D^*实质上就是当探测器的敏感元具有单位面积，放大器的带宽为1Hz时，单位功率的辐射所能获得的信噪比。

D^*值越大，探测器性能越好。所以在探测器的制造中，评定探测器的性能时D^*更为有用，在实际应用中则NEP更为有用。

在使用D^*值时，必须指明辐射源的性质、调制频率和放大器的带宽。规定的写法是：D^*（辐射源，调制频率，带宽）。

5.2.5 响应时间

当一定功率的辐射突然照射到探测器的光敏面上时，输出电压要经过一定时间才能达到稳定值。这个时间称为探测器的“响应时间”，或称时间常数、弛豫时间。它反映着探测器对外加信号响应的快慢。

5.3 热敏红外探测器

是利用物体因红外辐射照射而发热的所谓“热效应”，引起探测材料某一物理参数变化（温差电动势、电阻率、自发极化强度、气体体积与压强等）而工作的一类探测器。

从物理过程来说，敏感元的温升过程较慢，因此响应时间较长，一般为毫秒数量级以上。不管是什么波长的红外辐射，P相同，加热效果相同，则对各种入射波长有相同的响应率，称这类探测器为“无选择性红外探测器”。

5.3.1 温差电偶型探测器

利用温差电效应制成。温差电效应包括：塞贝克效应、珀耳帖效应、汤姆逊效应。温差电效应原理如图5.4所示。

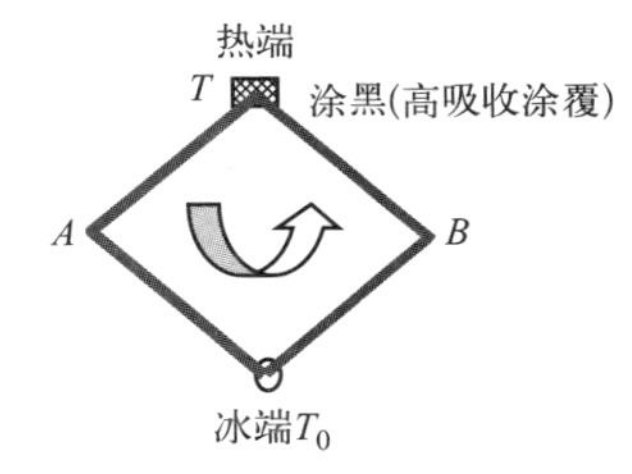

当两种不同的导体两头相接时，如果两个接头处于不同温度，电路内就产生电动势，称为温差电动势。这种现象叫作塞贝克效应。

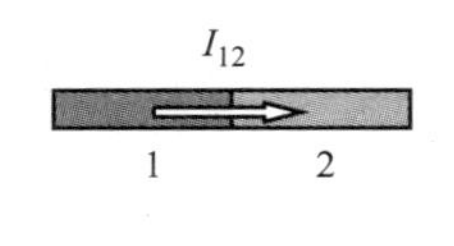

两种不同材料连接起来，I_{12}从1经过结点流向2，则结点变冷或热，为使结点温度保持不变，需从外界吸放热，其吸放热量与I_{12}成正比，这就是珀尔帖效应。

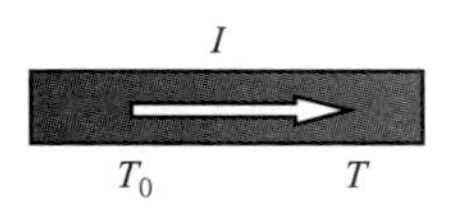

在一根金属丝或一块半导体薄片中存在温度梯度，当有电流流过时，各部分将会变冷或热，为保持原来温度，各部分需从外界吸放热，这种现象叫作汤姆逊效应。

图 5.4　三种温差电效应的原理示意

以塞贝克效应制成的温差电偶型红外探测器为例：

热端：高吸收→产热→T 上升。

冷端：一般是冰点。

温差电动势的大小反映出入射的红外辐射功率的大小，这就是“温差电偶型红外探测器”。多个热电偶串联，增大温差电动势，构成“温差电堆型红外探测器”。

真空热电偶：合金型的半导体材料，一臂用 p 型材料，如铜、银、锑、硒、硫的合金，另一臂用 n 型材料，如硫化银和硒化银。密封在高真空管内，管壁上有个透红外的“窗口”，这样的温差电型探测器的探测率可达到 $1.4\times10^{9}\mathrm{cm}\cdot\mathrm{Hz}^{\frac{1}{2}}/\mathrm{W}$，响应时间约 30～50ms。

5.3.2　热敏电阻型探测器

利用材料的电阻率随温度变化而变化的原理制成。

金属：T 上升，电阻率 ρ 上升，则是正温度系数。

非金属：T 上升，电阻率 ρ 下降，则是负温度系数。

该类探测器多采用负温度系数（N. T. C）材料，如金属氧化物半导体，制成厚约 10μm、边长 0.1～10mm 的方形或长方形薄片。室温时温度系数为－4%～－5%/K，电阻 1～10MΩ；也可采用正温度系数（P. T. C）材料，如 Ba、Sr、La、TiO_3 半导体陶瓷等，室温时温度系数为～10%K。

工作过程：如图 5.5 所示，黑涂层吸收一定功率的红外辐射，使热敏薄片 T 升高，薄片的电阻下降。当薄片温度 T 高于周围环境温度 T_0 时，衬底把热量传到导热基体中去。导热基体温度始终维持在 T_0，薄片的温度 T 越高，传导的热量就越多。当传导热量正好等于吸热时，薄片 T 达到稳定值，薄片的电阻也随之稳定。薄片电阻的改变引起输出电压的改变。从辐射照射开始到达到新的稳定状态为止的时间，称为热敏电阻型探测器的响应时间。

热敏薄片的响应度取决于结构中衬底的热导率。薄片材料应有较大的电阻温度敏感性；在热敏薄片上装浸没透镜，用锗等高折射率透红外的材料作成半球形透镜，将热敏薄片黏合

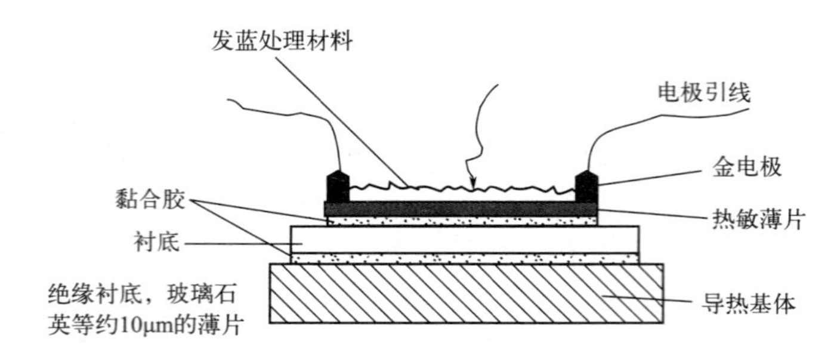

图 5.5　热敏电阻红外探测器的结构

在透镜平面中心，使入射辐射会聚在热敏薄片上。

热敏电阻型红外探测器：探测度略大于 $1\times10^{8}\mathrm{cm}\cdot\mathrm{Hz}^{\frac{1}{2}}/\mathrm{W}$，响应时间 $\tau=1\sim10\mathrm{ms}$。

热敏电阻型红外探测器的响应特性与器件的导热、电阻的温度系数及偏置电压有直接关系，噪声主要是热敏薄片的热噪声。

在长波红外区，它是一种光谱响应均匀、稳定性好、坚固耐用的探测器。

5.3.3　热释电型红外探测器

非中心对称结构的晶体，当外界电场 $E=0$ 时，本身有自发的电极化，且极化强度强度 P_s 是温度的函数，温度升高，P_s 减小。当温度升高到一定程度，自发极化会突然消失，这个温度又称为居里温度（居里点）。当在居里温度时，$P_s=0$，这类晶体称为热电晶体，例如硫酸三甘肽（TGS）、铌酸锶钡、胆酸锂、钛酸钡、高铌酸锂等。

如图 5.6 所示，由于自发极化，多数热电晶体表面上的面束缚电荷经过 1～1000s 后才被体内的自由电荷中和。如果它的温度变化周期比中和时间小，表面极化电荷就来不及中和而显示出来，这就相当于释放了一部分电荷，所以叫热释电晶体，释放的电荷用放大器放大变成输出。辐照功率 P 上升，照度 E 上升，温度 T 上升，极化强度 P_s 下降，面束缚电荷密度 σ 发生改变，输出信号发生变化。$P\propto$测试电信号。

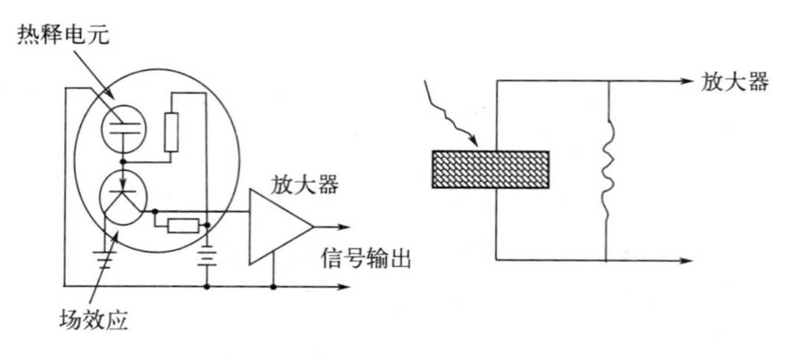

图 5.6　热释电探测器电路示意图

目前的热释电红外探测器特点：光谱响应宽，一般在可见～亚毫米区、室温工作。低频在 10Hz 的探测率 D^* 最高可达到 $1.8\times10^{9}\mathrm{cm}\cdot\mathrm{Hz}^{\frac{1}{2}}/\mathrm{W}$。在高频方向有所下降，到 $10^4\mathrm{Hz}$

时，探测率还可以达到 $1\times10^{8}\,cm\cdot Hz^{\frac{1}{2}}/W$。

应用领域：光谱仪、红外辐射测量、热成像等方面。

5.3.4　气动型红外探测器

该类探测器利用气体的热膨胀原理研制而成，典型产品“高莱管”如图 5.7 所示。高莱管有一个气室，以一个小管道同一块柔性薄片相连，薄片的背向管道的一面是反射镜，气室的前壁是低热容吸收薄膜。

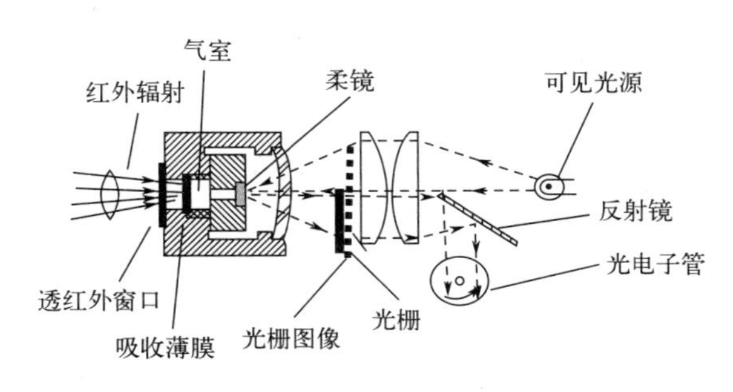

图 5.7　高莱管的结构示意图

高莱管工作原理：红外辐射进入窗口，传递到吸收薄膜吸收，吸收的热量传递给气体，气体温度上升，压力增加，气体膨胀，柔镜稍微膨胀。气室的另一边，一束可见光通过一栅状光阑聚焦在柔镜上，反射后的栅状图像与栅状光阑发生相对位移，从而使光电管上的光通量发生变化，反映入射红外辐射的强弱。

气动红外探测器低频（10Hz）时 D^{*} 可达到 $1.7\times10^{9}\,cm\cdot Hz^{\frac{1}{2}}/W$。但响应时间也比较长，约 20ms。性能比优于温差电偶型探测器。

原则上讲，热探测器是无选择性探测器，其响应只依赖于吸收的辐射功率，与辐射的光谱分布无关；响应时间较长，一般为几毫秒或更长些；常采用黑化吸收涂层来提高探测度。

黑化热探测器问题：制造热探测器的材料并非良好的吸收体，因而必须加涂黑化涂层。理想的涂层应具有高吸收率 α_{λ}、热容量要小、有高的热导率、对探测器元件的电特性无损伤。

黑化的简单方法：熏上一薄层蜡烛火焰或燃烧樟脑的烟。蜡烛火焰或燃烧樟脑的烟对可见光 $\alpha\approx0.99$，长波时变低，波长 $>10\mu m$ 时，$\alpha\leqslant0.5$。

金属涂层：在低真空下，通过蒸发附着某种金属薄膜，最好的金属黑化层为 $1\sim39\mu m$，$\alpha_{\lambda}\approx0.99$，但其电导率低，只能用于低阻抗探测器（热电偶、热电堆），对高阻抗探测器最理想的涂层是颜料或喷漆。

5.4 光子探测器

利用入射的光子流与探测材料中的电子之间的直接相互作用，改变电子能量状态，引起各种电学现象，统称为光子效应。根据光子效应的大小，可以测量被吸收的光子数。依据所产生的不同电学现象，可制成不同的光子探测器。

5.4.1 光电子发射（PE）探测器

当辐射照射在某些金属、金属氧化物或半导体材料表面时，若其光子能量足够大，可使材料内一些电子从表面逸出，这种现象叫作光电子发射，或称为外光电效应，如图 5.8 所示，利用这种效应制成的探测器，就是光电子发射探测器。

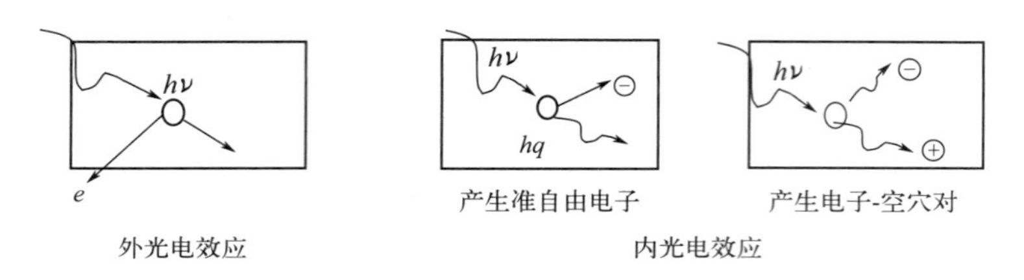

图 5.8 光电效应原理示意图

光电子发射探测器由真空光电二极管、光电倍增管，由光电阴极、电子光学输入系统、二次发射倍增系统、阳极等构成。

特点：响应快，但光谱响应范围只伸展到近红外区，对一般红外系统不适用。

5.4.2 光电导（PC）探测器

半导体材料吸收能量足够大的入射光子后，激发出附加的自由电子和自由空穴——光生载流子，使得电导率发生变化，这种现象称为光电导效应，应用这个效应制作的红外探测器叫光电导探测器，如图 5.9 所示。

当半导体受辐照后，电导率变大，R 变小，I 变大，a、b 间电压就增大，其 V_{ab} 大小反映了辐射功率大小。

利用斩光器调制入射 P 按正弦变化，只要调制 f 不太高，探测器响应就能跟得上，则 a、b 间电压除掉直流成分就有一个相应的正弦变化的电压，以便于放大记录。

目前，这种器件品种最多、应用最广，可分为：

① 多晶薄膜形式：（较少）一般用 1～3μm 的硫化铅 PbS，3～5μm 的硒化铅 PbSe。

② 单晶薄膜形式又分为本征光电导、杂质光电导两种。

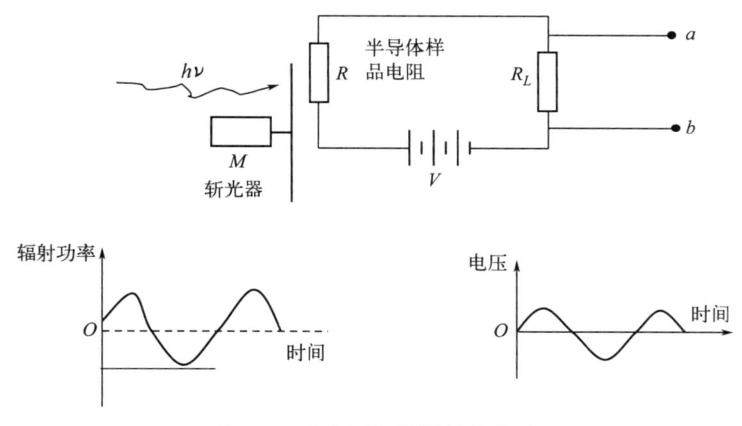

图 5.9　光电导探测器转换电路

a. 本征光电导用本征半导体材料制成，一般有 3～5μm 的锑化铟 InSb，8～14μm 的碲镉汞 HgCdTe 探测器等，极近红外区的 Si 探测器、1～4μm 的 Te 探测器、200μm 以上极远红外区的高纯 GaAs 探测器等。

b. 杂质光电导用掺杂半导体材料制成，可响应较长的波长，如 Ge 掺 Hg、Cu、B 和 Si 掺 P、Zn 等，但需制冷技术。

本征半导体：电子、空穴载流子对半导体电导率做贡献。

掺杂半导体：只有一种载流子对半导体电导率做贡献。

5.4.3　光伏（PV）型探测器

原理：本征半导体形成 pn 结后，当入射光子照射它的一个面时，产生电子-空穴对，然后被结上的电场分开，即电子漂移到 n 区，空穴漂移到 p 区。开路时产生光电压，短路时产生反向光电流，其电压、电流大小决定 $h\nu$ 的多少，这种现象叫作光生伏特效应，如图 5.10 所示，利用这种效应可制成多种多样的光伏探测器。

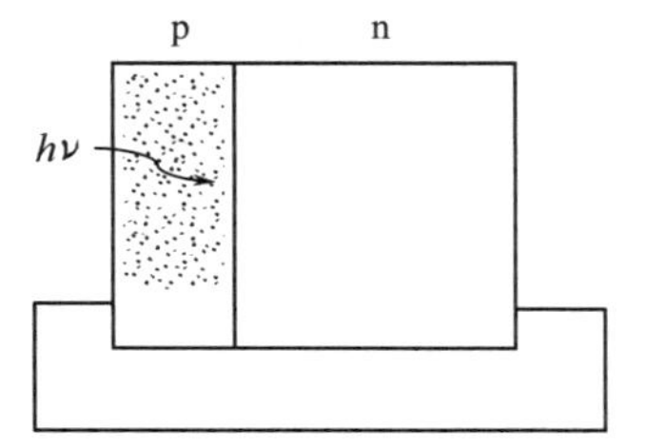

图 5.10　光伏型探测器示意图

这类探测器特性：不加偏压时，Si、Ge 响应＜1.5μm；InAs（砷化铟），室温，响应 1～3.8μm；InSb（锑化铟），77K，响应 2～5.8μm；GaAs（砷化镓），室温，响应 0.9μm。光子探测器响应度正比于吸收的光子数，欲使材料中的电子从体内逸出，或从束缚态激发到自由导电态，吸收光子的能量 $h\nu = hc/\lambda$ 必须超过一定值，或者说，存在一个长波限 λ_p。因此，光子探测器是选择性红外探测器，响应时间比热探测器短，典型值为微秒级，一般需要制冷。

缺点：光敏面容易出现不均匀的 R；薄膜厚度很小约为 1μm，容易受太阳光、紫外光或高温的破坏；噪声比单晶器件大。

今后方向：扩展响应波长，降低响应时间，提高探测度。

5.5 成像探测器

成像探测器是根据探测目的是否产生景物的像来划分的，这种划分不是十分严格。

当点型（元型）探测器对景物依次扫描时，也能形成图像；成像探测器可看成由无数个元型探测器构成。关键差别是观测时间不同，成像探测器对整个像不间断响应，元型探测器必须依次探测各个像素。

成像器件分类：

① 第一类：使输出端图像更明亮，或者将一个波段的图像转变成另一波段的图像，例如变像管、像增强器、红外胶片。

② 第二类：将图像转变成视频信号，例如摄像管。

③ 第三类：将图像分解成许多像素的组合，按序取出放大后传递给图像显示器。例如热像仪、电荷耦合成像仪。

目前研究较多和应用较广的是将多个元型探测器按线阵和面阵的结构组合成多元（或镶嵌式）列阵成像探测器。

5.5.1 红外底片

根据光化学效应，使用一定的感光染料可激活卤素银乳剂，使照相材料的光谱响应扩展到 1.3μm。和普通底片一样，这类底片的响应都随反射照度而变化，而不是随热辐射强弱而变化。由于很多物体在近红外和可见光范围的反射很不一样，所以，这种底片可用于航空摄影、伪装侦察和近红外谱区遥感技术。

5.5.2 红外变像管

红外变像管是一种将红外图像变为可见光图像的光电子发射装置，如图 5.11 所示。

红外变像管工作原理：通过一光学系统把待测目标成像在光电阴极上的半透明的银-氧-铯膜层，其为对红外敏感材料，$\lambda_p = 0.85\mu m$，$\lambda_c = 1.3\mu m$，蒸涂在玻璃管内壁上，这个膜层接收红外发射光电子，由此逸出的光电子形成目标的电子图像，图像上每个单元的光电子流密度对应于目标的辐射强度。利用电子光学系统将光电子流加速和聚焦，成像于荧光屏上，屏受到电子的轰击发出可见光而形成可见光图像。

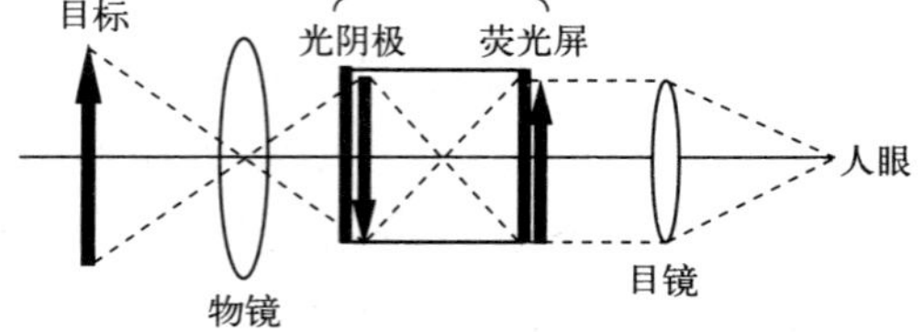

图 5.11 变像管作用原理图

因为光电阴极只能响应到 1.25μm，所以主要用于装有辅助照明光源，如带有滤除 0.8μm 以下波长的滤光片的钨丝灯，因此，人眼看不见这种光源。目前用于汽车上的隐蔽光束前灯和主动式红外望远镜或夜视装置中。

5.5.3 摄像管

成像机理：由摄像机光学系统给目标成像，经光电转换变成电荷图像，再以低速电子束周期性地对电荷图像进行逐点扫描，从而传给监视器一系列视频信号。

按光电转换方式的不同，可把摄像管分为三类：利用外光电效应转换光学信息的摄像管，一般摄取可见光图像；利用内光电效应进行光电转换的摄像管，一般是光导、二极管列阵光导摄像管等；利用非光子效应进行光电信息转换的摄像管。

(1) 光导摄像管

红外光导摄像管是利用光导效应制成的小型的红外电视摄像管，如图 5.12 所示。

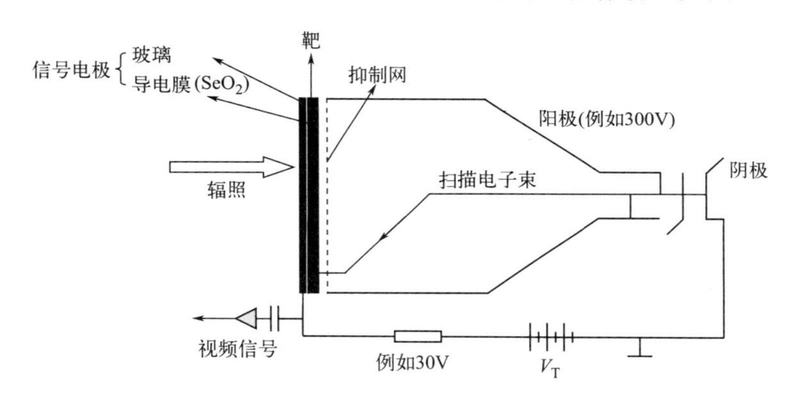

图 5.12　光导型摄像管的工作示意图

在一个抽成真空的管子里，一端是一个平面透光板，板的内表面涂有透明的导电层，作为信号电极，导电层上有一薄层光电导材料作为靶面。管子的另一端装有电子枪，它发出的电子束受管外偏转线圈的作用而扫描光电导靶面时，信号电极的电位比阴极约高 20V，无辐照时，扫描电子束给光电导层充电，靶面保持为阴极的电位。有辐照时，入射光子产生的载流子使靶的局部区域的电导率发生变化，从而降低靶面两边的电势差。在下次扫描时，电子束使电势差小的部分重新充电，使其恢复到原来的阴极电位，而充电脉冲则作为视频信号通过电容耦合取出，最后送到显像管上去。

根据靶面的构造方式的不同，可以制成响应不同波段和灵敏度的摄像管。例如氧化铅光导摄像管（靶是由具有 p-I-n 二极管特性的氧化铅层构成）、硅二极管列阵光导摄像管（靶是由上百万个微型二极管镶嵌而成）。

(2) 非量子光电效应摄像管（热释电摄像管）

前面介绍的成像器件工作在可见光区或近红外区，只能对太阳辐照下、夜间微光中或人工红外照明灯下的景物成像。研制完全不需要对目标照明就能工作的成像器件在实际应用中有极大需求。

用热电材料（TGS）作摄像管的靶面，在靶面形成景物热图像的电荷分布，可由扫描电子束读出。TGS仅响应 T 的变化，为观测不变的景物，必须对辐射加以调制。

特点：室温器件、光谱响应宽 $<15\mu m$、与电视设备兼容。

发展方向：热释电探测器与CCD混合焦平面。

CCD是在MOS电容器（金属-氧化物-半导体电容器）技术基础上发展起来的新型固体器件。它可以完成电荷的存储与传输过程。

习 题

1. 简述红外探测器的分类及依据。
2. 简述红外探测器的优劣。
3. 名词解释：响应度、噪声电压、等效噪声电压、探测度。
4. 简述探测器的噪声来源。
5. 热敏红外探测器为什么是无选择性红外探测器?
6. 简述热敏红外探测器的分类及特点。
7. 简述光子探测器的种类以及它们的特点。

第6章

红外加热技术

本章着重介绍红外加热技术的发展概论、红外加热的特点、红外发射材料、红外加热器件及红外加热装置设计基础等。

6.1 红外加热技术的概念、意义与发展概况

6.1.1 红外加热技术的概念

红外加热技术是在加热工序中利用红外线能量的一门技术。即用红外辐射照射物料，使其干燥、固化或者发生生物效应的技术，如图 6.1 所示。

红外加热技术成功的依据：

① 发射决定表层性质，如发射材料、温度 T；

② 强化辐射，减少对流传导，改变辐射与对流在加热中比例。

红外高发射涂层的发射光谱与物料存在匹配吸收与非匹配吸收，从而可实现辐射能的有效利用。

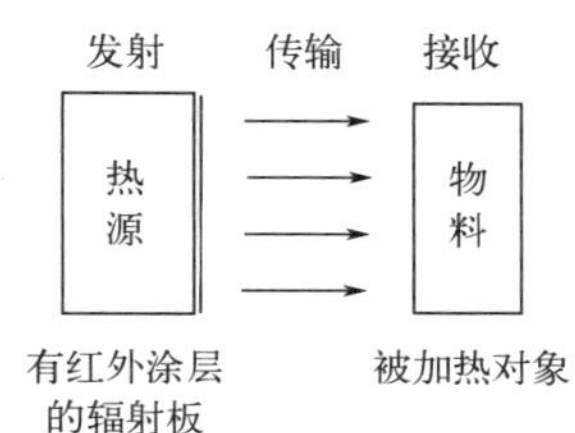

图 6.1 红外辐射加热的示意图

6.1.2 红外加热技术在国民经济中的意义

能源是提高人民生活水平的重要物质基础。我国加热用能源占总能源10%～15%。红外加热可以使烘烤时间缩短到原来的1/10左右，电力消耗可以降低1/2～1/3，可广泛应用于金属热处理、烤漆、脱水干燥、食品烘烤、纺织等领域。其在军事伪装、医疗器械、制酒行业、新型灯泡的研制、中药烘干等领域应用价值非常高。

6.1.3 红外加热技术的发展概况

美国福特汽车公司在1935年首先取得将红外线技术用于加热和干燥的专利权。在汽车烤漆方面，辐射源采用近红外线灯泡，色温在2000～2200K左右，$\lambda_m < 2\mu m$，灯泡外壳玻璃只能透过$3\mu m$以下波长，灯泡中存在的可见光会造成不必要的能量损失。当时采用的材料：石英电热管、氧化镁电热管、碳化硅陶瓷板、半导体加热板、导电膜。

日本在1964—1968年的研究一直处于领先地位，目前已有管状、灯状、板状等标准化、系列化、通用化的系列产品。从制造工艺来看，常用的金属基体加涂金属氧化物、镍铬电阻丝石英元件和镍铬丝埋入式的陶瓷元件等，在世界上居于领先的地位。

中国于1974年在上海举办了全国红外会议，中国科学院上海硅酸盐研究所等单位组成远红外加热技术研究小组，开始有组织较系统地研究红外加热技术，首先在涂料研制和应用上取得突破，先后发展了复合烧结、电弧等离子熔射、搪瓷熔烧、手工涂刷等涂层工艺等。1976年，进入了红外加热应用产品和通用元器件的工艺性设计和生产的新阶段。“三七”会议（牡丹江）展出了国内生产的红外辐射加热器系列产品。红外加热技术得到蓬勃的发展。

6.2 远红外辐射加热技术的基础知识

红外辐射的作用：

① 物理作用：物料吸收热量，温度上升或其光性、电性发生变化。

② 化学作用：主要是热化学反应。$\nu_{辐射} = \nu_{官能团}$发生谐振，断键。

③ 生物作用：照射种子使缩短休眠期、提高发芽率、促长增产或提高酶活性。

6.2.1 远红外辐射加热技术的基本原理

加热干燥过程是通过加热升温，使物料加热，物料分子、原子运动加剧，平均动能增加。加热干燥使水分或有机溶剂脱出或使油漆固化。其主要反应有：物理反应，如挥发或蒸发水分、溶剂；化学反应，促进氧化反应、聚合反应使其固化；其中还有复合反应。所以干燥是混合过程。

(1) 物理干燥的实质

物理干燥实质是扩散，使物料中水分运动，扩散又分为内扩散和外扩散两种方式。

内扩散是物料内部水分的移动，又包括热扩散、湿扩散两种。热扩散是指由于温度梯度存在，使水分子由温度高的地方向温度低的地方移动。湿扩散是指因水分梯度的存在，物料中水分子向水分含量减少的方向移动。实际上两者共存。两者方向一致时，干燥速度加快，且不影响干燥质量和效果。相反时，干燥效果差。

实验表明：$V_{内扩散} \propto \frac{1}{物料厚度^2}$，加速内扩散最好方法是双面或多面加热。

外扩散是指物料表面水分的运动，可能向内也可能向外运动。

(2) 红外辐射的干燥机制

对于厚度足够大的均匀物料，物料吸收红外，使内部温度高于其表面温度，出现较大的温度梯度（约 20～50K/cm），可激发质量转移过程，例如，潮湿物料加速脱水的扩散蒸发。当辐射源的波长与物料的吸收波长相一致时，物质分子吸收红外辐射，改变其振动、转动能量，从而改变和加剧其分子的运动，同时这种运动不断地使晶格、键团振动产生碰撞，达到发热升温加热的作用。

由雷柯夫及其学派创立的现代干燥理论，基于对水分扩散过程和热导过程相似性的假设，对一切与干燥过程有关的现象做了透彻的数学分析。

油漆涂层的干燥固化机制：开始认为该机制与物料脱水的热量和质量转移过程完全相似，是与化学变化无关的纯粹热过程，如图 6.2 所示。巴甫罗夫斯基提出漆层固化工艺的最佳模式，分为两个阶段。

① 扩散阶段：辐射投入涂层的辐照阶段，这是一个物理过程，在这个过程中漆膜、基体温度上升，促使溶剂挥发。

② 动力阶段：辐射作用与化学键的辐照阶段，这是一个化学反应过程，在这个阶段发生热化学反应。

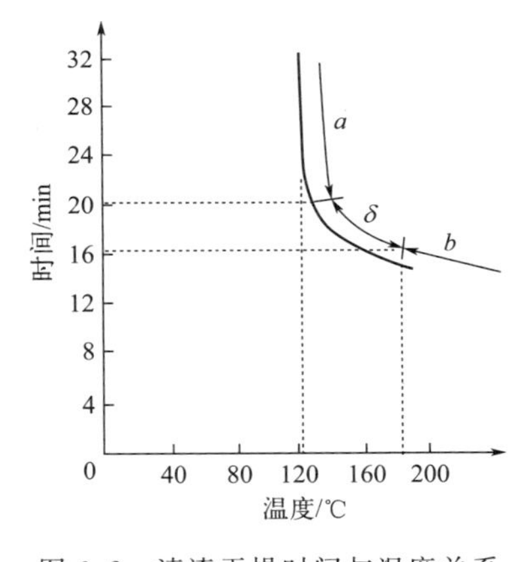

图 6.2　清漆干燥时间与温度关系

实验表明，干燥过程快慢与漆膜温度（约 100～140℃）有关，在图 6.2 的曲线中：

a 段：温升不大即可使干燥时间明显缩短，此阶段化学反应速度制约着干燥进程。

b 段：干燥速度与温度关系甚少，主要是质量转移过程（溶剂挥发）。

δ 段：过渡区，两种过程兼有。

6.2.2　热能传递的三种途径

热量的传输有三种方式：传导、对流和辐射。在实际应用中，主要是热风型对流传热和辐射传热两种。

传导是指依靠不同物体之间或同一物体内部各部分之间直接接触而发生能量传播的过

程。不同物体的传导机理不同：

① 气体：依靠原子或分子的扩散。

② 不导电的固体：依靠弹性波动的作用。

③ 液体：既依靠弹性波动又依靠原子或分子的扩散。

④ 金属：依靠自由电子的扩散。

对流是指固体表面与流体（气体、液体）直接接触时相互之间的换热过程。又分为：

① 自然对流：流体各部分之间相对密度、温度不同，低温时大相对密度的下降，高温时小相对密度上升；

② 强迫对流：依靠外力强迫实现流体流动（用风机鼓风或抽风）。

辐射加热是指不同物体间通过载能电磁波传热的过程，具有非接触、光子作用、穿透力强的特点。

红外加热属于辐射加热的一种。因为分子的振动、转动光谱是红外光谱，而不同物料可选择不同的红外辐射，即热源的选择性辐射性能与被加热对象的选择性吸收性能之间存在匹配问题，这就引出匹配与非匹配吸收理论或温度匹配理论。穿透深度，对金属时是微米数量级，对电介质是毫米或厘米数量级，对小麦、玉米等部分农产品可达 2mm，对松木、杉木为 7mm。

综合考虑不同材质的物料的导热性、物料的厚薄及形状、加热的目的等因素，原则上，辐射波长与吸收波长匹配得越好，吸收就越快，穿透得越浅，这对漆膜、布匹、纸张的烘干合适；而对导热性差，又要求深部匀热的厚大物料，则宜使部分匹配较差为好。

6.2.3 不同传热方式机理的比较

（1）辐射传热和热风型对流传热机理的比较

热风型对流传热是先加热传送介质空气，再依靠自然对流或强制对流，将热量传送给被加热对象表面，即依靠气体分子与被加热对象表面间不断发生碰撞来实现传热。具有下列特点：

① 能耗较大，热源的能量有相当部分消耗于加热介质和流动过程之中。

② 传热速度受到一定的限制，大多数加热装置在常压自然对流条件下工作。

③ 表面温度高于内部，热能的传递方向与溶剂等质量传导的排出方向相反。

辐射传热特点：

① 能耗小，辐射加热不需要介质；空气主要成分（氧气和氮气）对电磁辐射不敏感，很少吸收。

② 热量的传递速度较快，辐射以光速直线传输，$P \propto T^4$。

③ 较容易保障被加热对象的加热干燥质量。

（2）远红外辐射加热与近红外辐射加热比较

就辐射加热来说，被加热对象对辐射的吸收比越大就越有利于加热。近红外辐射加热与远红外辐射加热的传热机理是相同的，关键是被加热对象的吸收程度有差别。

红外加热中，如何提高能源的利用效率：

① 改变热源的辐射特性：在热源上加涂高发射率涂层，能提高传热效果。

② 改变被加热对象的吸收性能：表面粗糙化、加涂高吸收比涂层。

③ 红外线传送过程中进行配集光处理：管式和灯式红外辐射器件上配备反射罩。

6.3 远红外辐射涂料

6.3.1 红外辐射涂料的作用

红外辐射涂料的作用：

① 提高表面发射率（即提高电能转换成辐射能的效率）。

② 改变辐射能按波长的分配比例。

6.3.2 红外辐射涂料的种类

位于元素周期表的第 2、3、4、5 周期的大多数元素（多为金属）的氧化物、碳化物、氮化物和硼化物等，如表 6.1 所示，加热时均能发出不同波长的红外线。

表 6.1　能发射红外线的一些化合物

元素	氧化物	碳化物	氮化物	硼化物
B	B_2O_3	B_4C	BN	$CrB \cdot Cr_3B_4$
Cr	Cr_2O_3	Cr_3C_2	CrN	
Si	SiO_2	SiC	SiN	
Ti	TiO_2	TiC	TiN	TiB_2
Zr	ZrO_2	ZrC	ZrN	ZrB_2
Al	Al_2O_3			
Fe	Fe_2O_3			
Mn	MnO_2			
Ni	Ni_2O_3			
Co	Co_2O_3			

涂料配方：是各单体的不同比例的混合。

典型的红外辐射涂料：

① 锆钛系：ZrO_2+TiO_2+Fe、Ni、Cr、Co、Mn 等的氧化物组成，一般质量分数 TiO_2 6%～2%，ZrO_2 94%～98%波长 5～50μm。

② 三氧化二铁系：如 α-Fe_2O_3 和以 γ-Fe_2O_3 为主体的辐射涂料。

③ 碳化硅系：如以 SiC 为主配比的其他材料制成的涂料。

④ 稀土系：如铁锰酸稀土钙复合涂料，或将某些稀土材料烧结在碳化硅元件表层以提高其辐射率的涂料。

⑤ 锆英砂系：以锆英砂（含 67% ZrO_2 和 31% SiO_2）为主，添加其他金属氧化物的涂料。

⑥ 镍钴系：以 Ni_2O_3 和 Co_2O_3 为主的涂料。

此外还有以氟化镁、三氧化二铬、高硅氧等为主的涂料。以上都属于覆盖性涂料。

吉林大学研制了用于脱水处理的选择性涂料——高硅分子筛涂料，在 2.6～3μm、5.5～6.5μm、8～12.5μm 有强烈辐射，与水吸收特性基本一致，水分子吸收峰在 3μm 附近、5～7μm、13μm 以上。粮食在 3μm 附近、7～10μm 有吸收峰。因此辐射可以被水分子吸收，产生自发热效应，使其从物料内部跑出来，达到快速加热干燥目的。

理想的辐射涂料具有下面特点：

① 具有较高的辐射强度和热转换效率；

② 有较宽的辐射波长；

③ 辐射性能稳定并长期保持不变；

④ 有较高的冷热稳定性，有较高的耐水汽能力和化学稳定性；

⑤ 长时间不会龟裂或脱落。

实际上，上述特点不可能同时满足，只能是部分达到要求。

制作红外涂料应考虑的问题：

① 材料选取配比。

② 烧结温度。

③ 颗粒度：涂料各成分均匀附着于每个颗粒。

④ 黏结剂：水玻璃、有机硅酸盐、氟化镁、磷酸铝、釉质瓷料（860℃烧结）。

a. 磷酸铝：基体一般是钢或铁，在基体表面镀上一层铝膜，提高抗氧化能力，并增强基体与涂料微粒之间的黏结力，它不吸潮，可用于潮湿环境。烘干工序是黏结成败的关键。分阶段缓慢升温，升温越慢、保温越长，效果越好。

b. 釉质瓷料：先烧底釉，再烧远红外辐射涂料，后一烧结过程不宜太长。

⑤ 涂层厚度：是涂覆工艺的关键，过薄过厚都有问题。一般 0.1～0.4mm 较好，而以 0.2～0.25mm 最佳。

⑥ 表面状态。

6.3.3 辐射层的涂覆工艺

复合烧结法：将配制好的涂料用黏结剂调成糊状，涂覆在基体上，阴干后放入炉体烧结；金属基体可混入搪瓷釉浆中，再涂覆。

手工涂刷法：用黏结剂稀释涂料，加入抗氧化剂（如硼酸），调成漆状涂刷；也可采用铺撒法，先刷黏结剂，将涂料均匀地喷射在黏结剂上，干透使用。涂料分布表面发射率高。

熔射法：将配制好的固态涂料加热到熔融或半熔融状态，然后用火焰熔射喷涂法、等离子喷涂法将涂料喷射到基体表面，冷却后形成一层粗糙、坚实、牢固、稳定而且黑度较大的辐射层。高效的方格涂覆工艺，可将几种不同涂料按一定规律分别涂覆在基体表面某些固定的方格内。

6.4 各种红外加热器件

6.4.1 加热器的结构及分类

加热器的基本结构包括：热源、基体、涂层、附件（保温盒、反射罩等）。

其分类：

① 按形状分为：灯式、管式、带式、板式。

② 按热源分为：电热、油热、蒸汽、煤气。

③ 按加热温度分为：高温 800℃以上、中温 600～800℃、低温 600℃以下。

④ 按自身发热方式分为：直热式、旁热式。

6.4.2 灯型红外辐射器

灯型红外辐射器是继短波红外灯泡、石英灯之后发展起来的辐射远红外热能的一种加热器。目前常见的红外辐射体结构如图 6.3 所示。

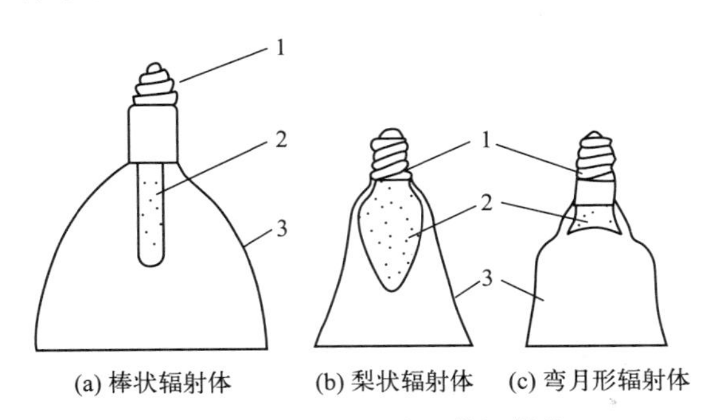

图 6.3　常见的几种红外辐射体

图 6.3 中，1 代表灯头，2 代表辐射体，3 代表反射罩。辐射体主要是由电热丝和陶瓷复合物组成，通常以 SiC 为基材或在其表面烧结红外涂料。反射罩主要作用是将光学汇聚成平行线，向前传播，平时定期清扫，防止反射罩受污染。

红外灯泡：钨丝温度 2000K　主辐射 1～2μm，玻璃滤掉了远中红外，透出近红外<3μm。

性能特点：升温到工作温度一般需 2min，比陶瓷红外辐射器快，而比红外灯泡慢。温度比较均匀，温差随照射距离变化不大。工作温度<450℃，在漆膜固化、物品脱水、医疗及取暖等方面，可代替红外灯技术。

6.4.3 管状红外辐射器

(1) 金属管红外辐射器

金属管红外辐射器结构与制备工艺如图 6.4 所示。

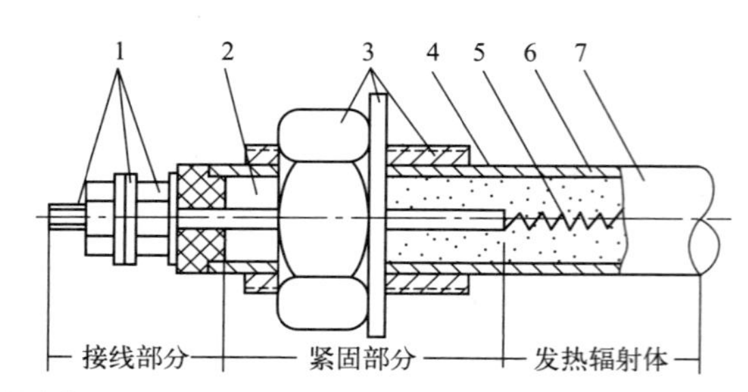

1—接线装置；2—导电杆；3—紧固装置；4—金属管；5—电热丝；6—MgO粉；7—辐射管表面涂层

(a) 结构

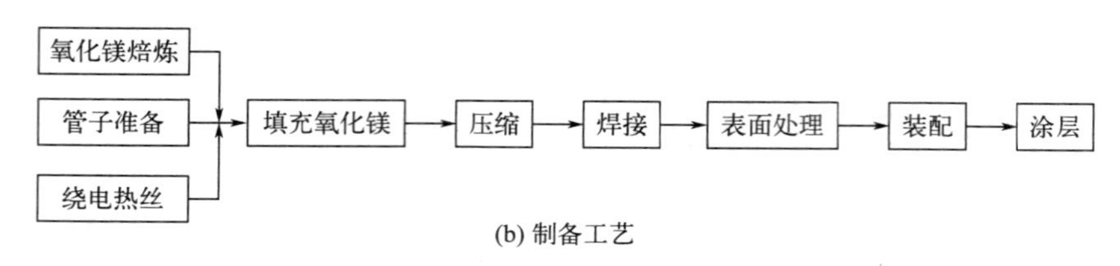

(b) 制备工艺

图 6.4 金属管红外辐射器结构及制备工艺

性能特点：机械强度高，耐冲击，安全可靠，轻便耐用，使用寿命长，密封性好，适用于油、水、酸、碱等工业生产的加热系统。

(2) 石英管和乳白石英管

图 6.5 所示为石英管和乳白石英管的结构及石英玻璃的透射光谱。

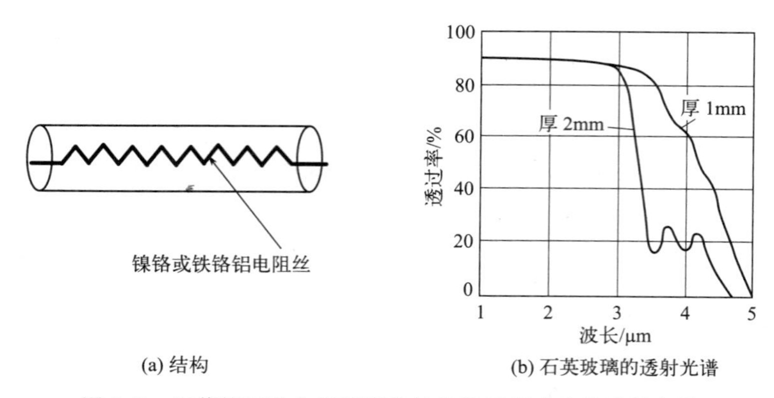

(a) 结构　　(b) 石英玻璃的透射光谱

图 6.5 石英管和乳白石英管的结构及石英玻璃的透射光谱

图 6.5 中所用材料 SiO_2 含量 99.98%以上。乳白石英含有 2000～8000 个/cm^2 直径为 0.03～0.8mm 的小气泡。气泡作用机制：

① 使管面温度升高：气泡、石英玻璃构成二相系，气泡形成密集成群的腔体，$n_{气泡}=1$、$n_{玻璃}=1.55$。辐射在玻璃内折射、反射、散射，形成强吸收。

② 热辐射向远红外移动：气泡（料含气泡、间隙气泡、气化气泡、硅碳反应气泡、杂质气泡）主要成分 N_2、O_2、CO_2、NO、水蒸气等。分子的振动、转动产生红外光谱。

特点：抗氧化、抗震、稳定、耐酸碱、卫生。

6.4.4 陶瓷管和集成式电热膜红外辐射器

集成式电阻红外辐射器是一种快速升温的直热式器件。利用多种氧化物半导体材料的混合物喷熔在高铝质为基材的陶瓷管或板材上作为发热层，再将红外涂料喷熔覆盖在半导体层的表面，如图 6.6 所示。

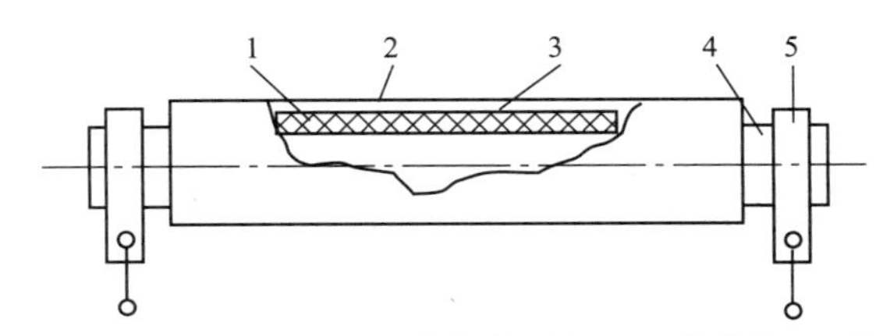

1—高铝管；2—红外涂层；3—电热膜发射层；4—镀银管；5—接线箍

图 6.6 集成式电阻红外辐射器结构示意图

特点：升温快、重量轻、热效率高。但应控制好发热层的厚度，以使表面温度均匀。

6.4.5 板状红外辐射器

板状红外辐射器结构如图 6.7 所示。

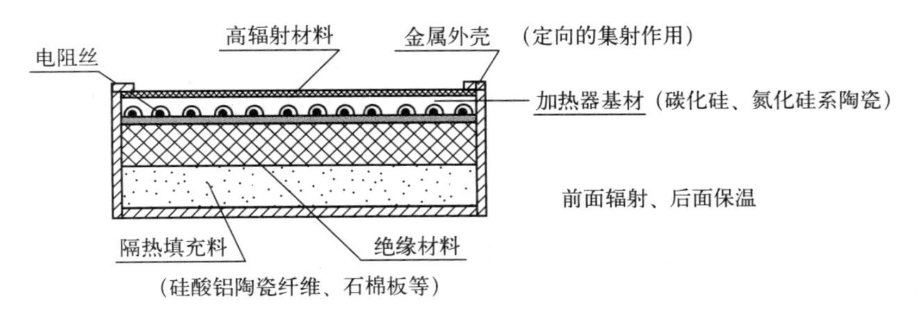

图 6.7 板状红外辐射器结构示意图

6.4.6 直热式红外辐射器

有带式、管式、板式之分。我们介绍一种合金电阻带式红外辐射器。

发热基体——镍铬合金电阻带、抛物线形反射罩。

红外涂料——三氧化二铁系与铁锰酸稀土钙等。

合金电阻带式红外辐射器结构与辐射光谱如图 6.8 所示。

性能特点：直热式器件，热惰性小，升温快，发射率高（>0.8），热效率高。

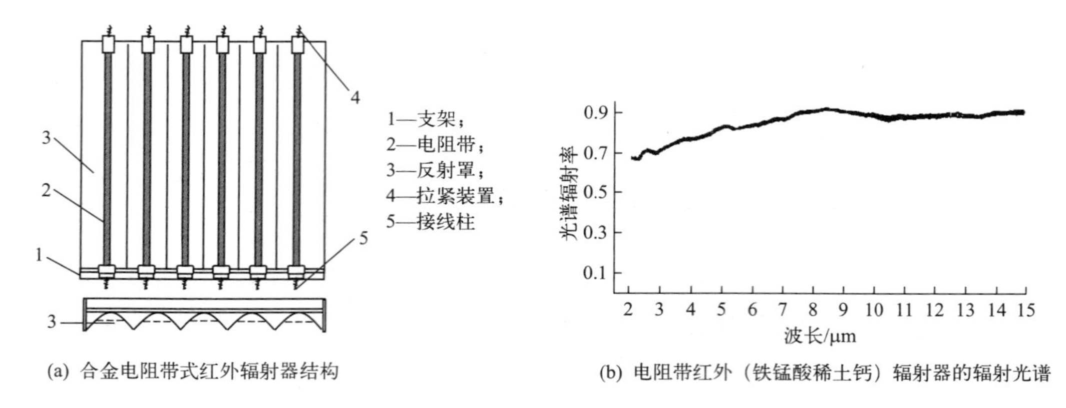

(a) 合金电阻带式红外辐射器结构

(b) 电阻带红外（铁锰酸稀土钙）辐射器的辐射光谱

图 6.8 合金电阻带式红外辐射器结构与辐射光谱

6.4.7 远红外定向强辐射器

图 6.9 所示为远红外定向强辐射器的结构示意图。

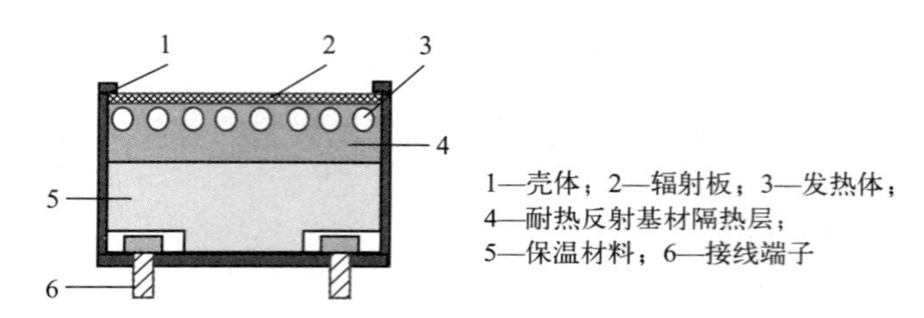

图 6.9 远红外定向强辐射器

远红外定向强辐射器在电热供源背面，以特殊的高温反射材料形成结构性定向，采用了目前世界一流水平的特种高温热源；在电热源正面，是多种微量元素掺杂的二次激发源，不产生任何有害射线。

性能特点：使用辐射温度 1000～1200℃、$\varepsilon \geqslant 0.95$，热响应时间≤3min、节能 50%。可广泛应用于烤漆、陶瓷、纺织印染、粮食、食品、化工、机械、烟草、木材等需要加热烘干（烤）的各个行业。

6.5 匹配吸收与非匹配吸收理论

6.5.1 匹配吸收（共振吸收）

辐射源的发射光谱与物料的吸收光谱相匹配，如图 6.10 所示。入射辐射刚进入受热体浅表层即引起强烈的共振吸收而转化为热量。

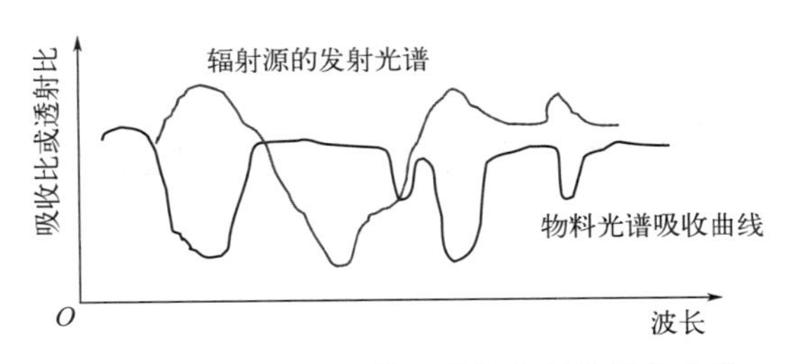

图 6.10 辐射源的发射光谱与物料的吸收光谱

分析：关于“材料的红外吸收光谱”，实际测试的是透过曲线，只能定性判别该物质的红外吸收带范围，并不是真正的吸收比曲线，只有知道它的透过比和发射比，才能知道它的吸收比。且温度 T 变化，吸收带还会有偏移和变化，所以匹配问题是一个复杂而困难的问题。元件的发射曲线是类似黑体发射的连续曲线，不可能出现选择性辐射即多个峰值。仅适用于薄层加热，对厚层物体难以穿透。

6.5.2 非匹配吸收

如图 6.11 所示，针对厚层加热，仅从穿透深度考虑。对于表里均匀吸收，要根据受热体的不同厚度，使入射辐射的波长不同程度地偏离吸收峰带所在的波长，一般偏离越远，穿透越深，从而使表里同时加热。

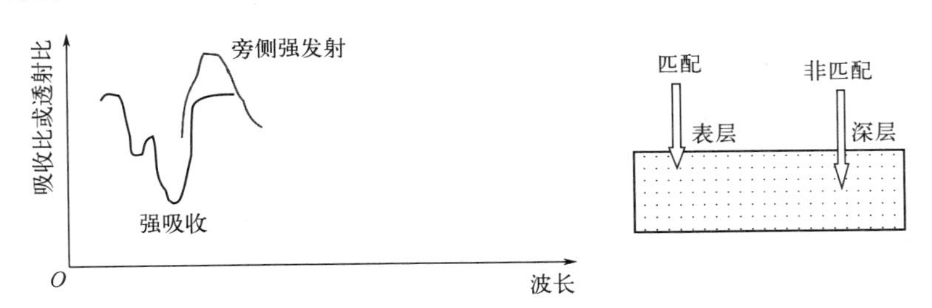

图 6.11 非匹配吸收的光谱特征和吸收深度示意图

6.5.3 温度匹配

如图 6.12 所示，温度吸收的光谱特征是源的辐射峰值处于主吸收区的中部。

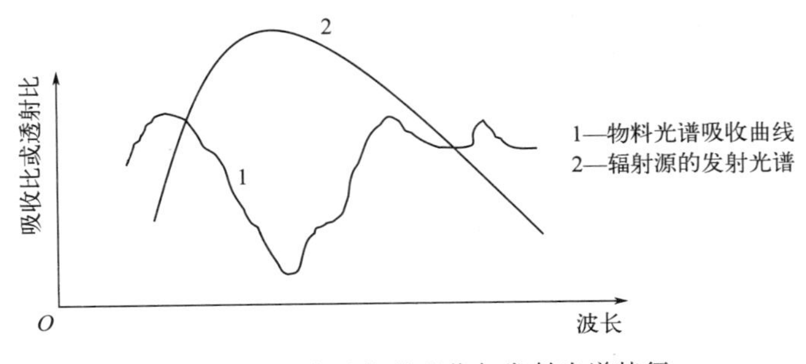

图 6.12 温度吸收的吸收与发射光谱特征

6.6 远红外辐射加热技术的实际应用及应注意的问题

6.6.1 远红外辐射加热技术的实际应用

在工业上的应用：传统炉体改造、新型炉体设计等。

在生活上的应用：底片快速烘干、食品烘烤炉、隔热涂层、太阳能热水器等；

在医疗上的应用：红外热效应可以引起血管扩张、血流加快，可以改善微循环、提高免疫力，对消炎和消肿有很好的疗效。

6.6.2 远红外辐射加热技术应注意的问题

(1) 要了解被加热物料吸收红外线的特性

通过红外分光光度计测定物料的红外光谱吸收或透射曲线，或从相关光谱技术资料中查找。一般而言，水在 3μm、5～7μm、13μm 范围都有吸收、漆在 3.4～3.6μm、5.5μm 范围有吸收、粮食作物的吸收在 3μm、7～10μm。

(2) 选择适当的辐射器件

根据目的及物料的光谱特性，考虑各种因素，选择合适的辐射器件。

(3) 辐射器的布局要合理

布局时考虑升温速度、温度 T 均匀性、热能利用率、拆装方便性等因素。

(4) 照射距离的选择

$P \propto \frac{1}{l^2}$，若能通过改变辐射器和物料辐照表面的间距来调节辐照度，将具有很大意义。

(5) 物料的放置和悬挂方式要合理

图 6.13 所示为适用于不同形状待加工物件的红外辐照装置的各种方案。

原则是：使红外辐射能大部分垂直地射向受辐照表面，有条件的应尽可能采用双面对称辐射加热的方式。

(6) 对取得的效果要进行科学的分析

采用远红外辐射加热技术，主要是加快物料干燥固化或热处理的速度，为机械化、自动化流水线生产或提高劳动生产率创造有利条件。节约能源仅是取得效果的一个方面。

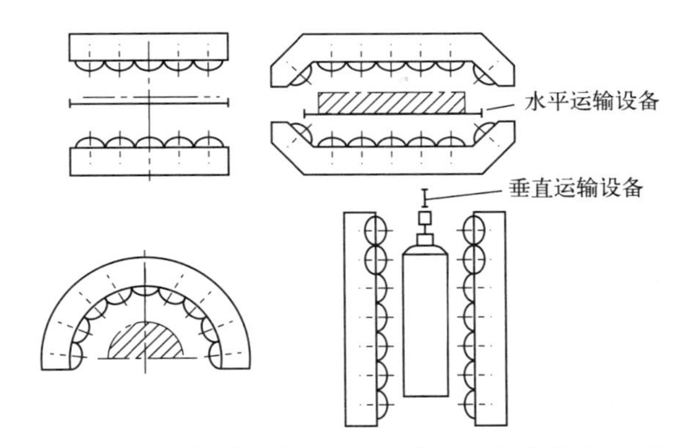

图 6.13　适用于不同形状待加工物件的红外辐照装置的各种方案

习　题

1. 简述红外加热技术成功的依据。
2. 简述红外加热技术的应用。
3. 红外辐射的作用有哪几个方面?
4. 热量的传输有三种方式是什么?
5. 简述红外辐射涂料的作用。
6. 简述理想的红外辐射涂料应具有的特征。
7. 名词解释：匹配吸收、非匹配吸收。
8. 红外加热时，什么情况下用匹配吸收，什么情况下用非匹配吸收?
9. 红外辐射加热技术在应用中应注意哪些问题?

第7章

红外光谱技术

本章简单介绍红外光谱的形成。重点讲述红外气体分析仪的设计原理、特点、机型及其应用。

7.1 红外光谱学基础知识

红外光谱学：研究各种分子在红外波段发射或吸收的规律及其与分子结构的关系。

研究方法：分子结构→运动状态→能级→能级变化→找出相应的辐射特性。

红外光谱是处于红外波段的分子光谱，它是不连续光谱。

7.1.1 分子的运动形式

图7.1展示了双原子分子的电子运动、分子振动和分子转动光谱的能级分布。

电子运动：指电子绕核旋转，对应的是电子运动能量（E_e），不同轨道处于不同能级，是量子化的。ΔE_e 一般为1～20eV，E_e、E_v、E_r 都变化，产生的光谱位于紫外和可见光区域。

分子振动：指原子间的振动，多原子分子的振动是多种振动方式（伸缩、弯曲、变形）的叠加，对应的是振动能量（E_v），是量子化的。ΔE_v 一般在0.05～1eV，E_v、E_r 变化，2.5～25μm位于中红外范围，倍频带0.75～2.5μm在近红外区。振动态改变，必引起转动惯量变化，实际观测时看不到纯振动光谱，产生的是“振动转动光谱”或称“红外光谱”。

分子转动：指分子整体转动，对应的是转动能量（E_r），是量子化的。$\Delta E_r < 0.05\text{eV}$，$E_r$ 变化，$25 \sim 1000\mu\text{m}$ 位于远红外区，只能引起转动能级的跃迁，得到的是纯“转动光谱”或称“远红外光谱”。

振动能量和转动能量是量子化的，能级间隔比较小。用低分辨率光谱仪观测，看到的是光谱带；用高分辨率光谱仪观测，每个光谱带都是由一组细光谱线排列而成。

三种形式并不是孤立的，而是相互联系、影响，一种运动形式的变化，都会影响到其余两种运动形式的变化。

分子能量 $= E_e + E_v + E_r + E_{ev} + E_{vr} + E_{ev} \approx E_e + E_v + E_r$，因为 E_{ev}、E_{vr}、E_{ev} 相互作用，能量很小可忽略。

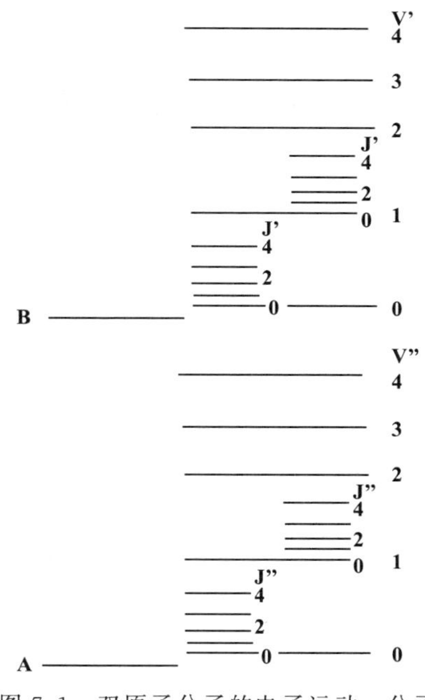

图 7.1　双原子分子的电子运动、分子振动和分子转动光谱的能级示意图

能级跃迁时，分子发射电磁辐射，对应的频率为

$$\nu = \frac{\Delta E}{h} = \frac{E'' - E'}{h} = \frac{1}{h}[(E_e'' + E_v'' + E_r'') - (E_e' + E_v' + E_r')]$$

$$= \frac{\Delta E_e}{h} + \frac{\Delta E_v}{h} + \frac{\Delta E_r}{h} = \nu_e + \nu_v + \nu_r \tag{7-1}$$

理论和实验表明：$\Delta E_e > \Delta E_v > \Delta E_r$。

对分子而言，某电子能级对应若干振动能级，某一个振动能级对应若干转动能级。分子光谱主要包括电子光谱，紫外光谱在远紫外、紫外及可见光区，E_e、E_v、E_r 都不变。

转动光谱主要是红外光谱，在近、中红外区，E_v 和 E_r 改变。转动光谱主要是远红外光谱，在远红外区，只有 E_r 改变。微波波谱在微波区，只有 E_r 改变。

7.1.2　红外吸收光谱的应用

分子结构的基础研究包括确定分子的键长、键角、比热容、分子的立体构型，确定化学键的强弱。依据测得的红外吸收谱的吸收谱带及分子振动理论计算出基频（$\tilde{\nu}_0$）和力常数（k），再利用基频和转动惯量计算出分子的键长、键角和其他热力学常数。

红外的定性、定量分析及成分分析：每一化合物都有决定其结构的官能团，在红外波段每一官能团产生波数一定的吸收带，即每个吸收带对应一个官能团，所有的吸收带就组成了该化合物的“红外指纹”，反过来将指纹进行破译，就能定性地确定该物质的结构。

吸收带的强弱和吸收带所在的波长范围是由化合物的浓度和它的分子结构来决定的，因而通过测量特征吸收带强度可以进行红外定量分析。

7.2 红外气体分析仪

红外光谱的测量通用仪器是“红外分光光度计”，主要作用是分析成分及含量，测量常态不变的混合物的吸收特性。该仪器对红外波段的扫描需一定的时间，不适用于含量变化比较快的场合。

7.2.1 红外气体分析仪原理

红外气体分析仪用于分析一种气体的含量及变化。使用时选择代表某种气体的特定吸收带，并单一测量这个吸收带很窄的一段（$\Delta\lambda$）红外辐射从而确定其含量。

分析仪的工作原理：混合物中各单体对红外的选择性吸收，比如：CO_2 的主要光谱线在 4.25μm，CO 的主要光谱线在 4.7μm。分子结构决定了吸收波段，分子浓度决定了吸收的强弱。

理论计算依据：

光谱吸收定律 $$P_{\lambda}(x)=P_{\lambda}(0)\exp[-\alpha(\lambda)x] \tag{7-2}$$

比尔（Beer）定律 $$\alpha(\lambda)=k(\lambda)n_{\alpha} \tag{7-3}$$

朗伯-比尔定律 $$P_{\lambda\tau}(x)=P_{\lambda i}(0)\exp\{-[k(\lambda)n_{\alpha}+\sigma(\lambda)n_{\gamma}]x\} \tag{7-4}$$

由此可知：透射的红外辐射功率仅与气体的浓度有关，测得透射功率即可知道浓度的大小。

7.2.2 红外气体分析仪的结构和类型

(1) 光声式分析仪

如图 7.2 所示，参比气室不吸收红外线，待测气室中有 A 气体存在，从工作光路射入红外探测器的红外线强度就较弱，交替入射，因强度不同，气室内气体受热膨胀的程度不同，引起薄膜的振动并产生位移，导致薄膜与固定极板所组成的电容器的电容量发生变化。这个 C 值的变化可变成电信号输出、放大显示，经定标的分析仪可直接以刻度或数字形式读出浓度。

缺点：① 水蒸气处理困难。薄膜和空气中存在的水分会导致水的特异吸收而产生额外的振动，所以工艺上去除水分的影响特别麻烦。

② 光声探测器本质上对振动敏感，应用范围受到很大限制。

③ 结构复杂，单组分。

(2) 空间几何双光路型分析仪

如图 7.3 所示，它在光路的末端增加了一个 V 形光束会聚管，使测量和参比光束皆能

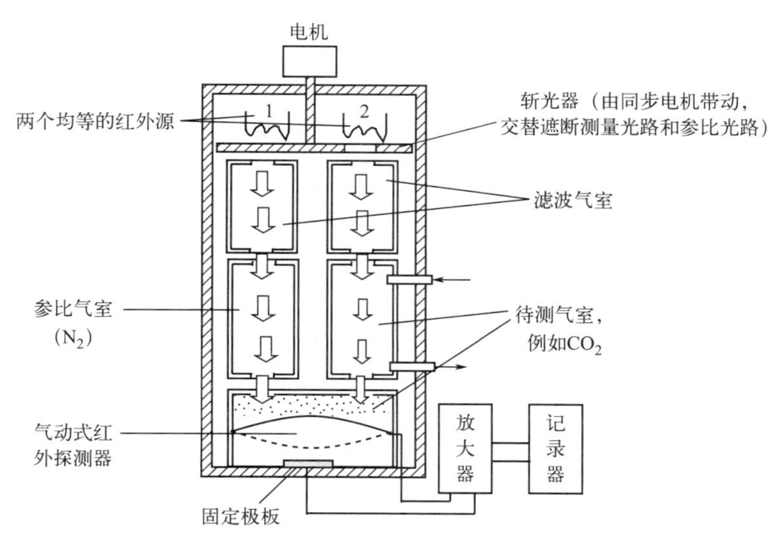

图 7.2 光声式分析仪结构示意图

通过一层滤光片，最后到达一个 PbSe 光电导检测器上。当测量气室无样品时，参比和测量二光路平衡，PbSe 输出一个稳定的直流信号。气室有样品时，测量光束的能量小于参比光束的能量，PbSe 就输出一个与光调制频率一致的交流信号，此信号经放大器放大后操纵伺服电机，驱动置于参比光路中的遮光片，使光路恢复平衡。根据遮光量的大小，即可推算出气体的浓度。

空间几何双光路型分析仪特点：采用了半导体检测器和窄通带干涉滤光片，仪器的可靠性和可选择性有了提高。但是仪器的结构复杂，双光路系统存在的问题仍然存在，所以较少采用，但在实验室中仍有使用价值。可取之处是灵敏度高。

(3) 时间双光路型分析仪

时间双光路型分析仪结构如图 7.4 所示，是目前采用得较多的一种结构。

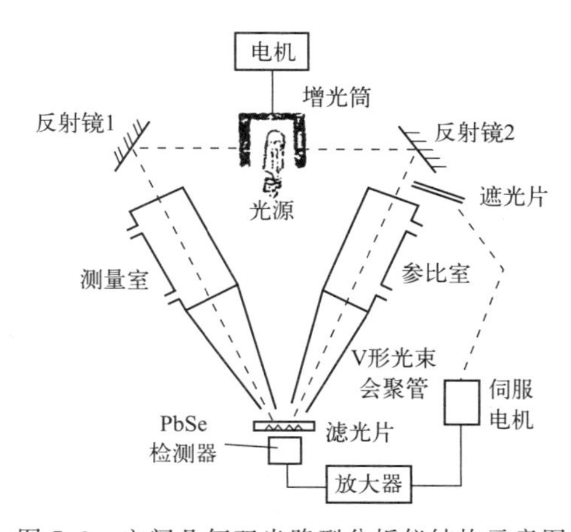

图 7.3 空间几何双光路型分析仪结构示意图

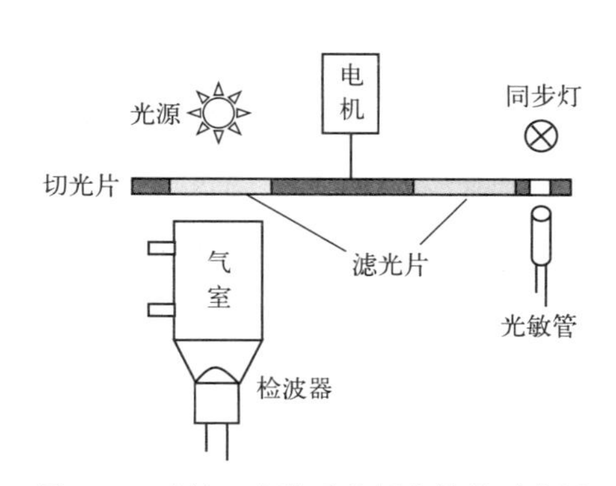

图 7.4 时间双光路型分析仪结构示意图

在光源和工作气室之间设置了一个嵌有两块不同波长的滤光片的切光片，电机带动切光片旋转时，两种滤光片交替地通过通道，光源发出的红外光束就被调制成断续交替的两种波长的红外光，分别为：

① 测量光束——红外光的波长对待测气体敏感；

② 参比光束——红外光的波长对待测所有气体不敏感。

两光束交替射到检测器上，转换成断续交替的脉冲信号，送放大器放大后经过同步分离，对两者进行比较后输出分析结果。

时间双光路型分析仪特点：单一光源、气室、检测器和放大器，对测量、参比两光束的影响相同，可以从自身得到补偿；仪器结构简单，可靠性高，不怕振动，能在各种场合使用；响应时间短（微秒数量级），已能造出窄通带干涉滤光片（$0.05\mu m \leqslant \Delta\lambda \leqslant 0.2\mu m$）；为制造多组分红外线分析仪提供了有利条件。

对于图 7.4 所示仪器，可在切光片上再增加一块滤光片，它的中心透过波长选择为第二种待测组分的吸收波长，并与第一种待分析组分共用一个参比波长。这样通过一只检测器就可以得到断续交替的三个信号。经放大后，再同步分离成三个信号，然后分别与公用参比进行比较，就可同时获得两个组分的分析结果。

时间双光路型分析仪缺点：一个光路发生变化，对两种波长红外光的影响并不完全一致，故会造成测量误差。

7.2.3 红外气体分析仪的特点

① 分析对象广泛：在红外波段范围内有吸收峰的任何物质，都能进行分析。下面列出几种气体的吸收主峰：

CO_2（4.25μm）、CO（4.7μm）、CH_4（3.4μm）、SO_2（7.35μm）、NO_2（6.2μm）、H_2S（7.6μm）、C_2H_2（3.3μm）等。

② 灵敏度高、量程广：分析的最小浓度为百万分之一级，满量程最大浓度为百分之百。

③ 有良好的选择性：混合气体中，一种气体浓度的变化不会影响待测气体的分析。

④ 反应速度快：从样品进入气室到显示数字，最快的仅需时间 0.1～0.5s。

⑤ 连续分析和自动控制：分析仪可连续进样、分析、显示，它能长期地接连不断地监视生产流程中气体浓度的任何瞬间变化，并可采用自动控制。

7.2.4 红外气体分析仪的应用

目前已经应用的领域有冶金、化工、小氮肥、环境保护、机械热处理、电力、科学保粮、石油、矿井隧道、对农作物的研究、医疗临床分析和医学生理研究以及国防科研等。

在实现化肥生产自动化方面，以氮肥为例，生产过程比较复杂，而且是在高温高压下进行的，易发生燃烧、爆炸、中毒等事故。因此要使工艺过程能在最平稳、最安全的状态下连续进行，必须及时、严格地控制各个工序的成分变化。红外气体分析仪可用于该生产过程的监测。

医学生理仪器方面，CO_2 气体分析是人和动物的呼吸系统和肺功能快速检测的有效手段。如高山生理、潜水生理等的研究，呼吸功能的测定是反映机体生理状态的一个重要指标。一个健康人呼出的气体中 CO_2 的极限浓度通常为 5%～6%。在针麻理论的研究方面，如对动物进行针麻试验时，必须保证动物处于正常生理状态（即 CO_2 浓度必须在 3%～5%范围），用医用红外 CO_2 分析仪来监视呼吸，可以方便地找到痛觉神经的放电部位（即针麻部位）。

石油化工方面，比如在环氧乙烷的生产控制中，制取环氧乙烷的原料主要是 $C_2H_4+O_2$ 或空气，在这个过程中须严格控制含量，否则可能造成爆炸事故，可采用 3.3μm 的 C_2H_4 气体分析仪。

在科学保粮方面，可用于自然绝氧保粮时控制粮仓内粮食的二氧化碳浓度含量。在水果储存方面，同样用于检测二氧化碳含量。例如，长期贮存水果，必须使水果的“呼吸”达到平衡，关键是必须使二氧化碳的含量保持在 30%左右。

在机械热处理方面，钢质零件渗碳工艺中，渗碳优劣关系到材料的硬度和耐磨特性，可采用“控制气氛和碳位自动控制技术”，在一定条件下炉气中的二氧化碳（CO_2）含量与气氛碳势存在对应关系，故可通过对二氧化碳（CO_2）的测定来控制渗碳剂的瞬时量，以达到自动控制碳势的目的。

7.3　红外光谱的经典分析

物质分子都是运动着的，除宏观运动外，构成物质的分子、原子还存在微观的运动，这种运动一般包括分子轨道运动、分子的振动和转动等，并对应着分子的不同能级。通常分子的电子能级对应分子的轨道运动，是分子从高能级向低能级的跃迁产生光子辐射，出现在紫外和可见光区，称为紫外和可见光光谱。由分子的振动和转动产生的跃迁辐射，通常在红外区，称为红外光谱。纯转动能级的跃迁光谱出现在远红外或微波区。

每一种分子，特别是化合物和复杂的生物分子都有与其结构对应的特征红外光谱，据此可以通过红外光谱对分子或化合物做出鉴别。对光谱进行分析，也可以获得相当多的反映分子结构方面的信息。特别指出，在极少数情况下，同系物中高阶相邻的化合物，由于结构十分相像，这类物质可能具有十分相似的或相同的红外光谱。

进行传统红外光谱分析时，一般波长采用微米（μm）等间隔分度，称为线性波长表示法，但现在通常采用波数代替波长。设 $\tilde{v}$ 为波数，其意义为单位长度（1cm）中所包含的辐射波的个数。

$$\tilde{v}(\mathrm{cm}^{-1})=\frac{1}{\text{波长}(\mathrm{cm})}$$

若以 μm 为波长单位（$1\mathrm{cm}=10^4\mu\mathrm{m}$），上式改为：

$$\tilde{v}(\mathrm{cm}^{-1})=\frac{10^4}{\text{波长}(\mu\mathrm{m})}$$

这种表述称为线性波数表示法，是按波数等间隔分度的图谱。

7.3.1 红外光谱的经典振动模型

在红外光谱的经典分析中，分子的振动可分为三种形式：伸缩振动、弯曲振动和变形振动，后两种又统称为变角振动。为方便简单叙述红外光谱的谱带的归属，常用一些特殊符号表示不同的振动，伸缩振动以 ν 表示，变角振动以 δ 表示。下面列出常见的几种振动形式。

(1) 伸缩振动

① 双原子伸缩振动 AX 型，，这种振动属于面内伸缩振动，以 ν_β 表示。

② 三原子伸缩振动 AX_2 型，这种振动也属于面内伸缩振动，也以 ν_β 表示，存在对称和非对称两种类型。

对称伸缩振动（symmetrical stretching vibration），，以 ν_s 表示。

非对称伸缩振动（asymmetrical stretching vibration），，ν_{as} 表示。通常非对称伸缩振动较之对称伸缩振动在较高的波数出现。

③ 四原子伸缩振动 AX_3 型，这种振动属于面外伸缩振动 ν_γ，也分为对称和非对称两种，如图 7.5 所示。

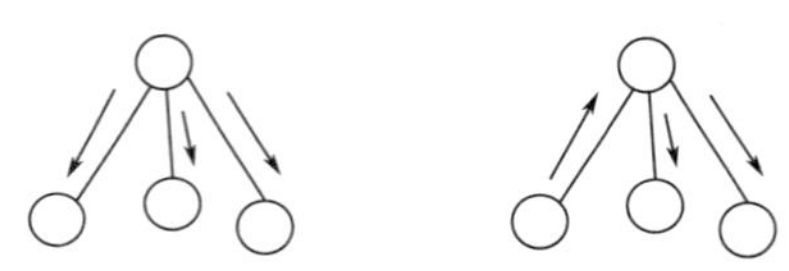

(a) 对称伸缩振动ν_s　(b) 非对称伸缩振动ν_{as}

图 7.5　四原子伸缩振动

(2) 弯曲振动

① 双原子弯曲振动 AX 型，这种振动分为面内和面外两种形式。面内弯曲振动（in plane bend），⊕——⊖，⊕为离开纸面向前，⊖为离开纸面向后。

面外弯曲振动（out of plane bend），

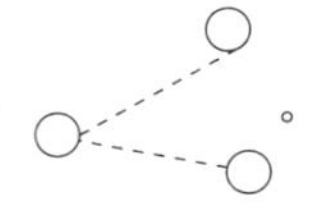

。

以上两种振动模型，分子平面均与纸面垂直。

② 三原子弯曲振动 AX_2 型，这种振动也分为面内和面外两种类型，各有两种形式。它们是面内摇摆振动 γ_β（in plane rocking bend）、剪式振动 δ_s（scissoring vibration）和面外摇摆振动 γ_r（out of plane rocking）、扭曲振动 γ_t（twisting vibration），如图 7.6 所示。

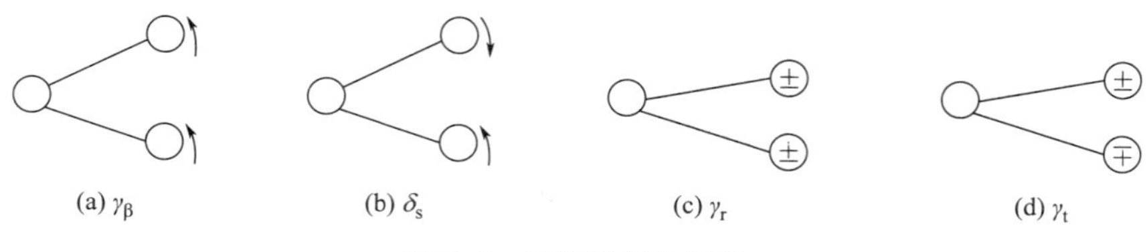

(a) γ_β　(b) δ_s　(c) γ_r　(d) γ_t

图 7.6　三原子弯曲振动

③ 四原子弯曲振动 AX_3 型，也分为对称和非对称两种形式，如图 7.7 所示。

对称变角振动 δ_s，这种振动的三角夹角永远相等，同时产生相同的变化。外围的三个原子同时向中心原子或离开中心原子做振动。

非对称变角振动 δ_{as}，一般也有两种形式：一种是外围的三个原子中的一个保持不动，另外两个对第一个原子做相对的变角运动；另一种形式是外围的三个原子中的两个保持不动，另一原子对前两个做相对运动。可以证明这两种非对称变角振动存在同样的能量变化，因此也就具有相同的吸收频率，在实际应用中可以认为只有一种变角振动。

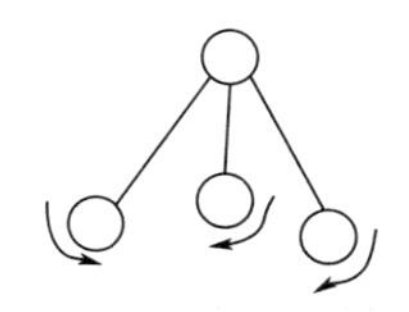

(a) 对称变角振动δ_s

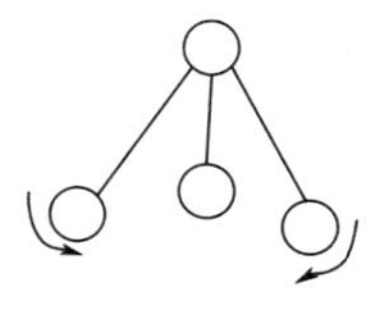

(b) 非对称变角振动δ_{as}

图 7.7　四原子弯曲振动

(3) 变形振动 δ' (deformation vibration)

一些芳环化合物、环烷及其他类型的环状化合物，其光谱中有许多谱带与骨架的变形振动有关，这种振动也分为面内与面外变形振动两种形式。以五元环为例，它们的振动方式如图 7.8 所示。

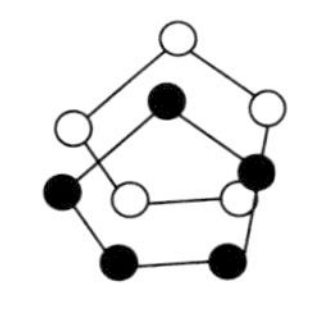

(a) 面内变形振动

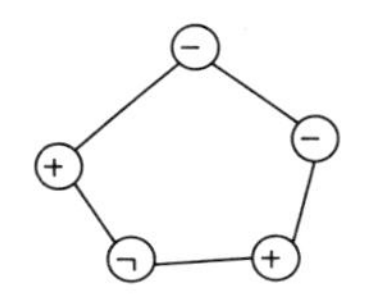

(b) 面外变形振动

图 7.8　五元环变形振动

7.3.2　振动方程式及其应用

红外光谱的分子的振动模式中，对双原子分子可以简单认为是两个小球间连接一个弹簧，或等效为一个小球被两个同样的弹簧连接在两个固定面上的振动，如图 7.9 所示。

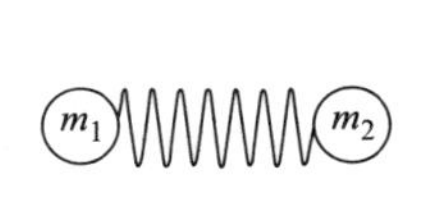

(a) 两个小球间连接一个弹簧

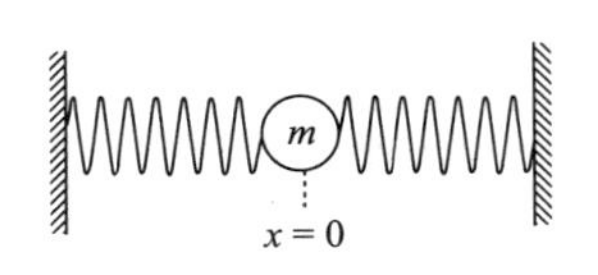

(b) 一个小球被两个同样的弹簧连接

图 7.9　双原子分子振动模式

按牛顿力学（胡克定律），$F=ma=m\dfrac{d^2x}{dt^2}=-kx$。初始条件：$x=0, x=x_0, \dfrac{dx}{dt}=0$。

我们有 $x=x_0\cos\left(\sqrt{\dfrac{k}{m}}t\right)$，则振动频率与 $\sqrt{\dfrac{k}{m}}$ 有关，$\nu=\dfrac{1}{2\pi}\sqrt{\dfrac{k}{m}}$，波数为：

$$\tilde{v}=\frac{1}{2\pi c}\sqrt{\frac{k}{m}} \tag{7-5}$$

对双原子分子，式（7-5）仍然成立，只是用 m_r 代替 m，m_r 为折合质量（reduced mass）

$$m_r=\frac{m_1 m_2}{m_1+m_2} \tag{7-6}$$

所以知道 m_r 和 k，即可计算出频率和波数。以下是单键、双键和三键的 k 值范围。

单键的 k：$(4\sim6)\times10^5$ dyn/cm。

双键的 k：$(8\sim12)\times10^5$ dyn/cm。

三键的 k：$(12\sim18)\times10^5$ dyn/cm。

对于简单的双原子分子，上述方法计算的值与实验值是接近的，但对多原子分子，这种方法就显得粗糙和不适用，因为力学常数 k 会受到分子其他部分的影响而变得难以得到确切的值，并且分子的振动大多时候也不是简谐振动，这必然会带来一些偏差并产生一些无法解释的现象。当然有时用这些公式定性解释某些红外光谱的规律还是很有价值的。

式（7-5）表示波数 $\tilde{v}$ 与力学常数 k 成正比，对于化合物经常出现的单键、双键和三键的分析是非常方便和相当直接的：

三键的波数：2200cm^{-1} 左右。

双键的波数：1650cm^{-1} 左右。

单键的波数：$800\sim1200\text{cm}^{-1}$。

7.3.3 红外光谱的定量分析

红外光谱不仅可以定性分析和鉴定物质分子，还能定量分析物质分子的含量，或分析分子中氢键、双键和三键等化学键含量，还能分析混合物样品中某些分子的含量。红外光谱不仅可测量固态样品，还能测量气态和液态样品，所以红外光谱分析有其他鉴别方法不可比拟的优点，样品的适应性比其他方法广泛得多。

红外定量分析是研究样品的含量（包括浓度和厚度）与样品吸收（或反射）的光强之间的关系。红外光谱图是入射光经样品吸收（或反射）后，能反映样品的结构信息的谱线分布，利用谱峰的强度（或面积）分析，得出样品含量的信息。红外光谱定量分析一般分析吸收光谱，样品作为被测体要做理想化处理，即只考虑样品本身的吸收，不考虑样品池的损失以及样品的散射和反射的损失。

当样品厚度为 l、浓度为 c 时，假设入射光透过一个微小的厚度 $\mathrm{d}l$，其强度减少为 $\mathrm{d}I$，又假定样品是均匀的（这对于固态样品在制样时需要特别注意的），则入射光的强度衰减与入射光强度和样品量成正比，即

$$-\mathrm{d}I=\alpha c l\,\mathrm{d}l \tag{7-7}$$

式（7-7）中，α 为比例系数。对式（7-7）积分后得 $\int_{I_0}^{I}\mathrm{d}I=-\alpha c\int_0^l l\,\mathrm{d}l$，有 $\ln\frac{I}{I_0}=-\alpha c l$。

取10为底时，$\lg \frac{I}{I_0}=kcl$，k 为消光系数，又称吸收系数。$\lg \frac{I}{I_0}$ 称为光密度，又称吸收度，用 A 表示。则有

$$A=\lg \frac{I}{I_0}=kcl \tag{7-8}$$

这就是定量分析的基本公式，朗伯-比尔定律。

需要注意的是，对不同样品而言，吸收系数 k 值是不同的，即便是同一样品，不同的谱线其 k 值也不同。但是浓度不影响 k 值，故不同浓度的同一样品在相同波数位置有相同的 k 值。为保证定量分析的准确性，经常在实验前测出纯样品的吸收系数，再进行样品浓度分析。当红外光谱有多个谱带，而每个谱带的吸收系数又不尽相同时，在定量分析时常选取吸收系数较大的谱带作为某物质的特征吸收谱带进行定量分析，以获得较高的准确度和灵敏度。

7.3.4　常用的定量分析的方法

红外光谱的定量分析基本分两种：一种测量谱带的强度，一种测量谱带的面积。另外还有分析谱带的一阶、二阶导数的计算方法，这种方法主要针对重叠的谱带定量分析，甚至可用于分析强峰的斜坡上的肩峰。常用方法有直接计算法、吸收度比例法、内标法、解联立方程组四种。

（1）直接计算法

对于组分简单、特征谱带不重叠的样品，其谱线强度与浓度完全符合朗伯-比尔定律，可以直接用 $A=kcl$，从谱图上读取透射率数据，按 $A=\lg \frac{I}{I_0}$，计算出 A 值求出浓度。这种方法的应用前提是需要提前测定样品的 k 值。

（2）吸收度比例法

对于厚度难以控制或不能准确测定其厚度以及由于散射影响无法重复测定的样品，可以采用吸收度比例法，该方法要求各组分的特征吸收谱带相互不重叠，且遵从朗伯-比尔定律，比如厚度不均的高分子膜、糊状法的样品等。

如对于二元（或多元）组分X、Y的混合物或高分子共聚物的红外光谱，选取的谱带遵从朗伯-比尔定律，则应存在下列的关系：

$$A_X=K_XC_XL_X$$
$$A_Y=K_YC_YL_Y$$

由于是在同一个被测样品中，故厚度相同，$L_X=L_Y$。其吸收度之比 R 应为：

$$R=\frac{A_X}{A_Y}=\frac{K_XC_X}{K_YC_Y}=K\frac{C_X}{C_Y} \tag{7-9}$$

这里的 K 是吸收系数之比。

在实验时，先配制不同比例的混合物作为标准样品，测定其吸收度求出吸收度的比值

R，并对浓度比$\frac{C_X}{C_Y}$做出工作曲线，该曲线是过原点的直线，其斜率即为吸收系数之比 K。

对于二元体系，$C_X=C_Y=1$，由此可得

$$C_X=\frac{R}{K+R} \tag{7-10}$$

$$C_Y=\frac{R}{K+R} \tag{7-11}$$

只要测出未知的 R 值，即可计算出各自的浓度 C_X、C_Y。当组分较多时，则必须利用多个关系式，这就要求做出更多的工作曲线以求出不同的 K 值。这种方法的困难之处在于，不同比例的多元组分的标准样品难以获得，故该方法很少用于多组分的样品分析。另外，吸收度比例法的准确度主要取决于标准样品的组分浓度的配比的精确程度，同时实验中配制的标准样品的组分浓度与未知样品的浓度越接近，得到的结果越准确。

(3) 内标法

同样对于厚度很难控制的样品，可以采用内标法。内标法是在样品中加入一定量的作为内标物的合适的纯物质，以求出某组分与内标物的吸收度之比。事先配制不同比例的标准品与内标物，测出它们的吸收度之比（它们应遵从朗伯-比尔定律），按吸收度比例法，某组分 S 的吸收度 $A_S=K_SC_SL_S$，内标物 I 的吸收度 $A_I=K_IC_IL_I$。对同一样品，同一次测量，故 $L_S=L_I$。又因为遵从朗伯-比尔定律，故 K_S、K_I 为定值，所以

$$\frac{A_S}{A_I}=\frac{C_S}{C_I}K \tag{7-12}$$

其中 $K=\frac{K_S}{K_I}$。

在标准样品配制时，C_S、C_I 都是已知的，A_S、A_I 可以从实验中测得，故可求得 K 值。在测未知样品时，C_S 是未知的，A_S、A_I 已测得，K 值已知，故由 K 值可以计算 C_S 值。

当被测组分的吸收度与浓度不成线性关系时，即 K 值不恒定时，则应配制一系列的标准内标样品，做出$\frac{A_S}{A_I}$与$\frac{C_S}{C_I}$的工作曲线，被测未知样品测出吸收度比值后，从工作曲线上得到相应的浓度比值，内标物已知，故可求出该物质组分的含量。

内标物的选择：内标物本身应具有一个特征吸收谱带，而且不被样品的任何组分干扰。内标物的谱线应尽可能地简单，以免样品组分谱线被内标物干扰。内标物稳定，不与样品或介质发生化学反应，且不吸水、不怕光、不分解，易研磨。

常用的内标物和特征谱带：硫氰化物和铁氰化物（约 $2100cm^{-1}$）、碳酸盐（约 $870cm^{-1}$）、萘（约 $870cm^{-1}$）。

(4) 解联立方程组

对于组分多，且谱带又严重重叠的样品，又无较好的特征谱带吸收时，可采用解联立方程组方法。采用这一方法的前提条件是，必须具备各个组分的标准样品。分别测量其在某一波数处的吸收度，根据朗伯-比尔定律，如果样品中的各个组分在该处都有吸收贡献，则该

波数处的吸收度是这些组分的吸收度的和，即

$$A_v = A_{1v} + A_{2v} + \cdots + A_{nv} = (K_{1v}C_1L) + (K_{2v}C_2L) + \cdots + (K_{nv}C_nL) \tag{7-13}$$

式中，v 表示某谱带的吸收波数；L 是吸收池厚度；C_1、C_2、…、C_n 是各组分的浓度。有 n 个组分就选取 n 波数处的吸收度，则有

$$A_{v1} = K_{1v1}C_1L + K_{2v1}C_2L + \cdots + K_{nv1}C_nL$$
$$A_{v2} = K_{1v2}C_1L + K_{2v2}C_2L + \cdots + K_{nv2}C_nL$$
$$\vdots$$
$$A_{vn} = K_{1vn}C_1L + K_{2vn}C_2L + \cdots + K_{nvn}C_nL$$

式中，$v1$、$v2$、…，vn 表示个组分波数点的位置；A_{vn} 表示在 v_n 波数点处的吸收度的总和值；K_{1vn} 表示第一个组分在 v_n 处的吸收系数。L 已知，如测出各个 K 值，则联立求解即可求出几个未知组分的浓度 C。

在本方法中，波数的选择至关重要。通常选定一个波数只应以一个组分的贡献为主，其他组分在此虽有贡献但很少。同时要了解和注意 K 值选取时的浓度适用范围，各组分配制时的浓度应接近未知样品中该组分的浓度，以保证 K 值的可用。

7.4 红外二维光谱简介

二维相关光谱的概念是由野田勇夫（Isao Noda）等人在 20 世纪 80 年代提出的，其概念起源可以追溯到 20 世纪 30 年代的核磁共振（NMR）领域的二维核磁共振光谱技术，一般认为如果光谱信号依赖于时间变化，则可以用二维光谱进行相关研究，通常是以正弦形式的外部扰动（以电场、磁场、光声等）来获得依赖于时间的光谱信号。

1993 年 Noda 对已有理论进行修正，他提出二维相关光谱概念，使二维光谱技术应用条件更加宽泛，极大推进了二维相关光谱技术在其他普通光谱上的发展。它有如下的优点：

① 外部扰动形式的延伸。外部扰动信号不再局限于正弦信号，它可以是任意形式函数，且外部扰动可以是物理量也可以是化学量，比如光、电、磁、热、压力、浓度、pH 值等。

② 光谱类型的拓展。不仅可以用在 NMR 上，也可用在其他任意形式的光谱上，比如红外、拉曼、荧光、X 射线等光谱中，而且还能在不同类型光谱间进行分析。

如图 7.10 所示，当外部扰动作用于样品体系时，样品体系各个化学组分会有选择性受到激发，用探测器可以检测到这一变化而得到一系列动态光谱，然后从动态光谱中获得两种相关光谱：二维相关同步光谱图和二维相关异步光谱图。这样依赖于时间的光谱瞬间变化就可以得到系统性分析。故二维相关光谱可以用于相当多的领域，如电化学、光化学和反应动力学的研究中。由此就可以讨论样品分子在外扰时的物理和化学的各种变化，所以二维相关光谱有几大优点：

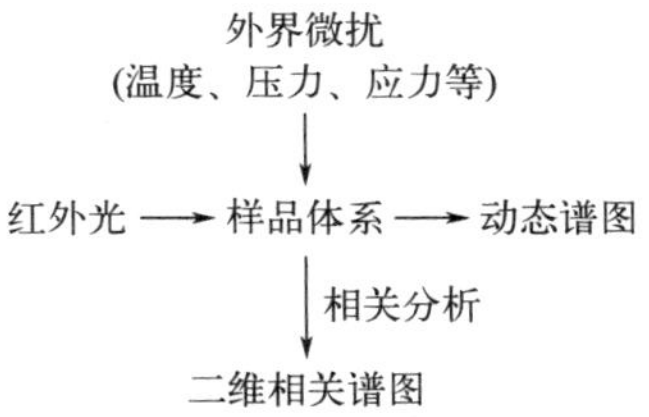

外界微扰
(温度、压力、应力等)
红外光 ⟶ 样品体系 ⟶ 动态谱图
相关分析
二维相关谱图

图 7.10 获取二维光谱原理图

① 提高了光谱分辨率，通过将原有一维光谱信号拓展到二维上，可以检测到一维光谱无法得到的光谱信息，甚至能

有效分离重叠的吸收光谱；

② 通过谱线之间的相关性分析，能够详细研究不同分子间或分子内相互作用及其变化；

③ 可以检测光谱强度的变化次序，能有效地对化学反应过程和分子振动的动力学过程进行详细的分析；

④ 对不同波段吸收峰之间的相互关联进行分析，可以解决吸收光谱的归属问题；

⑤ 可以在不同类型的光谱间进行相关分析，以获得单一光谱不能获得的信息，如同一外扰下的拉曼和红外光谱。

7.4.1 二维相关光谱一般的处理方法

在某个外扰作用下，样品系统在时间 $T_{min} \to T_{max}$ 之间得到一个光谱信号 $y(v,t)$，其中 v 为光谱坐标，它可以是红外光谱的波数，也可以是拉曼光谱中的位移、紫外光谱中的波长或者是 X 射线中的散射角等。对该光谱信号有如下处理方法。

(1) 傅里叶变换法

计算二维光谱动态光谱，做如下定义：

$$\tilde{y}(v,t)=\begin{cases} y(v,t)-\bar{y}(v), & T_{min}\leqslant t\leqslant T_{max} \\ 0, & \text{其他} \end{cases} \tag{7-14}$$

其中，$\bar{y}(v)$为参考光谱，它的选择在一定程度上可以随意，有时可以选取 $\bar{y}(v)=0$，但一般选取为时间平均光谱，即

$$\bar{y}(v)=\frac{1}{T_{max}-T_{min}}\int_{T_{min}}^{T_{max}} y(v,t)\mathrm{d}t \tag{7-15}$$

然后对动态光谱进行傅里叶变换，将它从时间域转换到频率域上，傅里叶变换公式如下：

$$\widetilde{Y}_1(w)=\int_{-\infty}^{\infty}\tilde{y}(v_1,t)\mathrm{e}^{-\mathrm{i}\omega t}\mathrm{d}t=\widetilde{Y}_1^{Re}(\omega)+\mathrm{i}\widetilde{Y}_1^{Im}(\omega) \tag{7-16}$$

其中，$\widetilde{Y}_1^{Re}$ 和 $\widetilde{Y}_1^{Im}$ 是信号 $\tilde{y}(v_1,t)$经傅里叶变换后的实部和虚部；ω 是频率成分。类似地有傅里叶变换的共轭：

$$\widetilde{Y}_2^*(w)=\int_{-\infty}^{\infty}\tilde{y}(v_2,t)\mathrm{e}^{-\mathrm{i}\omega t}\mathrm{d}t=\widetilde{Y}_2^{Re}(\omega)-\mathrm{i}\widetilde{Y}_2^{Im}(\omega) \tag{7-17}$$

对信号 $\tilde{y}(v_1,t)$和 $\tilde{y}(v_2,t)$进行二维相关强度计算：

$$\chi(v_1,v_2)=\frac{1}{\pi(T_{max}-T_{min})}\int_0^{\infty}\widetilde{Y}_1(\omega)\widetilde{Y}_2^*(\omega)\mathrm{d}\omega=\phi(v_1,v_2)+\mathrm{i}\psi(v_1,v_2) \tag{7-18}$$

其中，$\phi(v_1,v_2)$是 $\chi(v_1,v_2)$的实部，$\psi(v_1,v_2)$是 $\chi(v_1,v_2)$的虚部。它们对应着动态光谱强度变化的同步相关光谱和异步相关光谱强度。

这种方法是通过傅里叶变换来计算二维相关光谱的，计算烦琐，特别是动态光谱较大时，工作量巨大。

(2) Hibert 变换法

该方法简单、有效、直接且有明确的物理意义。Hibert 变换法中，同步相关光谱计算

如下：

$$\phi(v_1,v_2)=\frac{1}{T_{\max}-T_{\min}}\int_{T_{\min}}^{T_{\max}}\tilde{y}(v_1,t)\tilde{y}(v_2,t)\mathrm{d}t \tag{7-19}$$

此时同步相关光谱反映的是光谱强度同时变化的相关程度，因为上式与相关分析时延迟时间为 0 的相关度分析相似。

异步相关光谱：

将信号 $\tilde{y}(v_2,t)$进行 Hibert 变换，有

$$\tilde{Z}(v_2,t)=\frac{1}{\pi}\int_{T_{\min}}^{T_{\max}}\tilde{y}(v_2,t')\frac{1}{t'-t}\mathrm{d}t' \tag{7-20}$$

根据 Hibert 变换性质 $\tilde{Z}(v_2,t)$与 $\tilde{y}(v_2,t)$互变相当于将信号 $\tilde{y}(v_2,t)$在频率上向前或向后改变$\frac{\pi}{2}$而得到的，然后计算异步相关谱：

$$\psi(v_1,v_2)=\frac{1}{T_{\max}-T_{\min}}\int_{T_{\min}}^{T_{\max}}\tilde{y}(v_1,t)\tilde{Z}(v_2,t)\mathrm{d}t \tag{7-21}$$

由此可以看出对异步相关光谱变换得到的是，一个光谱坐标处强度变化和另一个坐标处的强度变化的正交量之间的相关性。

如果两个光谱坐标处的强度变化完全不同或正交，那么在异步相关谱中就会有一个极大值，所以异步相关光谱反映的是光谱强度变化的非相似程度。

7.4.2 二维相关光谱的性质

由动态光谱所得到的二维相关同步光谱和异步相关光谱等高线图如图 7.11 所示，正峰用空白表示，负峰用细点填充表示。

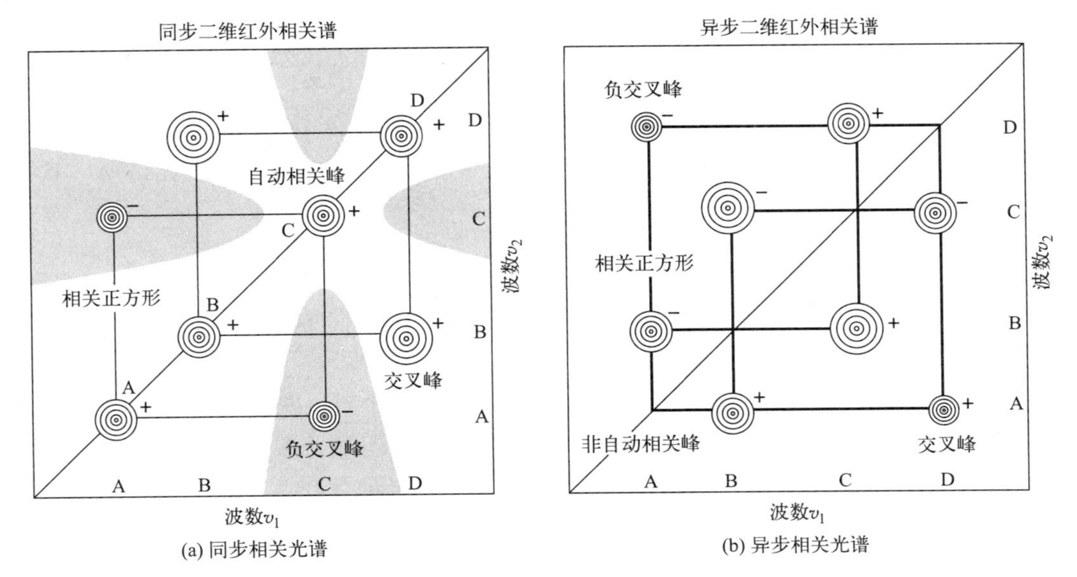

(a) 同步相关光谱　　(b) 异步相关光谱

图 7.11 二维相关同步光谱和异步相关光谱等高线图

动态光谱的二维相关同步光谱强度变化代表了在波数 v_1、v_2 处测得的光谱强度同时或者同步的变化，故同步光谱图是关于对角线对称的，所以读谱时只需读取同步光谱的左上角部分的信息即可。

(1) 同步光谱

在同步光谱图上，在对角线上出现的相关峰就是自相关峰，对应着光谱强度变化的自相关函数，它总是正的，自相关谱的强度大小代表了光谱强度在扰动作用下动态涨落的总程度，在一定程度上反映出外扰对不同基团影响的大小，因此动态光谱强度变化较大的区域显示出较强的自相关峰，而变化较小或保持不变的区域显示出极小或无相关峰。

对角线之外相关峰是交叉峰，代表不同波数处光谱信号的同步变化，是不同的官能团振动同时取向而变化的，是分子微观结构运动的同步性造成的结果，它表明分子中某些基团之间存在极强的协同作用或者存在强烈的相互作用。比如，在观测周期内，两个基团受激发后，偶极矩的取向相同。无论是平行于或者垂直于外部扰动的方向，两个波数处的光谱强度同时增大或减少，故而交叉峰是正的，即 $\phi(v_1,v_2)>0$。而如果两个基团受激发后，偶极矩方向是相互垂直的，则一个波数处光谱强度增加而另一个波数处的光谱强度减少，此时交叉峰一定是负的，即 $\phi(v_1,v_2)<0$。

所以简单来说：若交叉峰为正，则波数 v_1 处的吸收峰和波数 v_2 的吸收峰在外扰作用下，都增加或都减少；交叉峰为负时，v_1 和 v_2 的吸收峰一个增加，一个减少。

但是这种相关分析不能区分不相关的协同过程，所以同步谱图中无交叉峰就一定不会存在相互作用或化学偶联。但有交叉峰时也不一定存在相互作用或化学偶联，它仅能说明两者间对某种外扰有协同作用。

(2) 异步光谱

动态光谱强度变化的异步谱代表了在波数 v_1 和 v_2 处测得的光谱强度的不同步变化，所以它是对角线反对称的。异步谱图中只有交叉峰（可正可负）存在，它是在两个波数 v_1 和 v_2 处动态光谱强度存在不同相位差时出现的。这种特性可以用来区分不同光谱来源或不同组分所形成的重叠峰，当有外扰时，混合物中不同组分或同一分子中不同官能团所表现出来的不同效应，甚至在一维光谱中因为来源不同或由不同官能团所形成的重叠光谱峰，都可以区分出来。

(3) 读谱规则

结合同步谱图和异步谱图可以获得各个吸收峰在外扰作用下的变化信息，并对不同波数处的吸收峰发生的变化次序进行推测。

① 若在同步谱和异步谱中 $\phi(v_1,v_2)$ 和 $\psi(v_1,v_2)$ 符号相同，即交叉峰符号相同，都为正或都为负，可以推断出在外扰作用下，v_1 处谱峰先于 v_2 处谱峰发生变化，写成 $v_1>v_2$，其中的“$>$”表示前面的波数处吸收峰先于后面波数的吸收峰变化。

② 若同步谱和异步谱中，$\phi(v_1,v_2)$ 和 $\psi(v_1,v_2)$ 符号相反，则可以推断出在外扰时，波数 v_2 处吸收峰先于 v_1 处的吸收峰发生变化，写成 $v_2>v_1$。

二维相关光谱分析十分适合分析外扰作用下样品的变化过程，广泛用于物理、化学、生物等领域，可对聚合物、液晶、LB膜和界面进行分析，还可对蛋白质、多肽等许多天然或人工的高分子材料、生物细胞、药品、食品和农作物进行分析，应用前景十分广阔。

习　题

1. 分子的运动形式有几种？
2. 简述红外分光光度计的原理。
3. 简述空间双光路型分析仪和时间双光路分析仪的优缺点。
4. 简述红外气体分析仪的特点。
5. 用单色仪研究红外辐射源的光谱特性时，为了不引入杂光、提高测量灵敏度、满足全波段测试要求，应该在辐射源与入射狭缝间加入一个什么光学元件？
6. 简述红外光谱的经典振动模型。
7. 红外光谱的定量分析方法有哪些？
8. 简述红外二维光谱的优点分析。
9. 简述红外二维光谱的读谱规则。
10. 红外二维光谱可以做什么分析？

第8章

红外热成像技术

本章着重介绍红外热成像的原理、红外热成像技术的应用。

8.1 热成像的原理

凡是温度高于绝对零度的物体，都存在辐射红外线。利用此现象可实现对物体的探测和测温。但是这种方式不能对被测物体进行直接观察与细节分析。随着能快速响应的红外探测器的研制成功和电视技术的日趋成熟，人们将红外光机扫描与电视显示结合起来，把物体自身发射的红外辐射图像转换成人眼可直接观察的图像，这一技术我们称为红外热成像。

热成像与照相和电视的区别：

照相是物体在日光或灯光的照明下，用照相机使物体在胶片上感光成像。电视则是利用摄像机对在可见光照明下的物体摄像，然后转换成电信号，经电视台发射后，再为电视机所接收，复现了物体的图像。二者的共同点：所记录的是物体对可见光的反射度差。

热成像反映的是物体自身热辐射的图像，与外界的照明条件关系不大，需要一定的视图技术。红外热像图是一幅伪彩图。其设定一个彩色温标，不同颜色代表不同的温度，亮暗差别反映了各部位的温度差别，以此实现对物体的温度测量。红外测温又与热成像的区别是，后者能成像，能观测物体的全貌及细节。例如，停在路边的汽车，通过热图可以区分不同的状态：长时间停放的汽车，各部分温度均匀；正在发动尚未行驶的汽车，排气管和水箱温度高；行驶后刚停下的汽车，头部、排气管、轮胎温度高。

8.2　热成像技术的发展概况

20 世纪 50 年代：美国的响尾蛇空对空导弹出现，红外制导和红外雷达等红外跟踪技术受到了各国的重视，从而推动红外技术的发展。

我国从 20 世纪 70 年代初开始热成像技术的研究，目前已研制成功各种用途的热像仪。

8.3　热像仪的构造

将物体的红外辐射图像转变成人眼可观察到的图像，实现这种热成像的装置叫作热像仪。热像仪就其摄像过程可分为光机扫描热像仪和热释电摄像管热像仪两种，前者更为常用。

光机扫描热像仪的工作原理如图 8.1 所示。

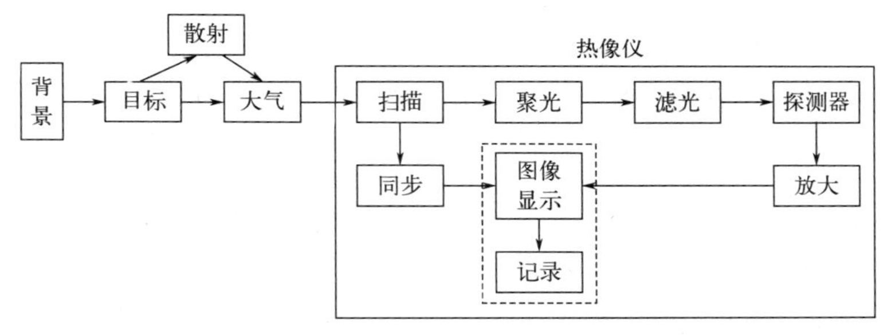

图 8.1　光机扫描热像仪的工作原理

热像仪中常用的是锑化铟和碲镉汞的单元或多元红外探测器，它们各适用于 3～5μm 和 8～14μm 两个波段。

热像仪的光机扫描系统接收通过大气后的目标与背景的红外辐射，将之会聚并投射到红外探测器上，光信号转换成电信号。经放大处理后，显示在荧光屏上即是可见的红外热图，通过计算机进行各种处理，满足使用者要求。

基本功能：图像的输入、输出，选择显示的温度范围、彩色等级、温度分辨率，单色、彩色、正负像，多幅比较，显示温度分布曲线，图像局部放大，测量平均温度，十字交叉多点测温，等。

8.4　热像仪的应用

热成像技术首先在军事上获得成功应用。20 世纪 70 年代推广到民用领域，取得显著效果，并拓宽了许多应用新领域。

8.4.1 热像仪在电力工业中的应用

供电系统：变压器、转换器、绝缘端子、接线柱、刀闸、电力传输线等各种隐患的发现和排除。过去采用熔蜡接触式检查，既费时又不安全。现在采用飞机配用热像仪进行巡视的方法，以 120km/h 速度，离高压电线 80m，沿输电线路飞行，既经济又安全，且准确性高。

发电厂：发现发电机定子局部损坏，发现发电机绕组上的不良焊点，检测发电厂排放的循环冷却水的温度。

8.4.2 热像仪在钢铁工业中的应用

钢铁工业中的高温炉、热风炉、电炉、转炉、盛钢桶、轧钢机和各种管道等，因其体积大、温度高，传统的点接触测温工作量很大，数据也不可能连续全面，采用热像仪可解决许多实际问题。

应用大致有下列几个方面：

(1) 监视热设备耐热衬垫的情况

耐热衬垫局部裂缝、损坏脱落，必然会引起炉体表面温度的升高。

(2) 检查输气管道堵塞

管道极易积聚尘土而造成不畅通甚至堵塞，过去通过检查压力来判断管道堵塞，但具体部位难以确定，使用热像仪检查可迅速指示出堵塞的部位。

(3) 检查损坏的电气元件

钢铁厂用电量大，电气元件都是高负荷而易于损坏。用热像仪检查，可以迅速、准确地查出损坏的电器元件，及时进行修复。

(4) 检查损坏的液压元件

各种液体管道、阀门的堵塞和泄漏可用热像仪进行巡视检查。

(5) 质量控制

用热像仪对钢坯表面温度进行实时、连续监视；用热像仪观察烟囱顶部的温度及气体扩散的情况，来确定污染的范围和程度。

8.4.3 热像仪在军事上的应用

作为一种先进的侦察设备，军用热像仪又称为“红外前视装置”，主要用于夜间飞行、低空突防、恶劣天气的飞行和目标搜索，已广泛装备于轰炸机、反潜机、侦察机、军舰、坦克、炮兵和伞兵等，可以透过隐蔽物发现人和车辆、军队营地、各种其他军事目标。

小型地面热像仪的作用距离为几百米～几千米，大型机载热像仪的作用距离可达 20～

30km，视场小于40°，分辨率为几个毫弧度，温差灵敏度一般为1℃，最高达0.01℃，帧速可为慢速的几秒1帧及快速的1秒几十帧。可与跟踪系统结合为红外成像跟踪器，装在飞机上用以搜索、跟踪飞机和坦克，以便发射导弹，实施攻击；装在反潜机上可探测潜艇航行，根据潜艇发动机发出的热量在水面上的反应和潜望镜在水面上滑动产生的热影响，可以探测和搜索到40m以下的潜艇，从而进行跟踪并发射反潜武器。

8.4.4　热像仪在医学上的应用

(1) 红外热像诊断原理

人体具有辐射吸收特性。人体由许多复杂的有机分子组成，包含许多水分，人体是一个能够发射红外辐射的天然生物源。辐射遵循斯特藩-玻耳兹曼定律，光谱范围集中在3～50μm，其中8～14μm占40%，峰值波长9.35μm，热像仪的工作窗口为8～12μm。人体辐射接近黑体辐射，在波长>2μm时，皮肤ε为0.98±0.01，且与肤色和人种无关。皮肤温度低于体内温度。经过对流、蒸发、辐射，在静止状态和不流动的空气中，皮肤表面辐射、蒸发、热传导所消耗的能量之比为1∶0.3∶0.1。

人体温度具有左右对称性。正常人体头面、躯干和四肢的皮温关于中心轴线左右对称。离躯干近的部位比距离躯干远的部位温度高，大腿比小腿温度高，臂部比手温度高，上肢比下肢温度高，足趾温度最低。

人体热辐射来源于新陈代谢过程，在该过程中体内物质逐步被氧化并放出能量，其中一部分是以热能形式释放出去。当人体发生生理或病理改变时，局部或全身代谢发生改变，必然影响局部组织血管及末梢的供血的不平衡，导致全身或局部的热平衡分布破坏。临床上表现为生物组织的温度升高或降低，因此测量这种变化就可以作为诊断和分析病情的根据。

医学应用使用条件：检查室温恒定在18～20℃；相对湿度<50%；室内应无流动的空气；室内应无热源；病人脱去受检部位衣物，静坐5～10min；病人检查时要选择适当的姿势以防止各部位之间的交互辐射；室内光线要暗些，以便观察荧光屏上的图像。

(2) 临床应用

凡是能够引起体表局部温度改变的疾病都可用热像仪帮助诊断；凡是能够引起体表局部温度改变的生理变化、医学研究都可借助热像仪进行检测。热像仪在外科、内科、妇科、皮肤科、神经科、五官科等各方面都可应用，如对表浅肿瘤如乳腺癌、甲状腺癌、皮肤癌等的诊断。正常乳房大小基本对称，血管数量及分布也基本对称，血管热影较细，腺体组织代谢一致。良性肿瘤由成熟细胞构成，生长较慢，与周围皮肤的温差较小，为1℃以内；恶性肿瘤由不成熟细胞构成，血管丰富，代谢旺盛，温升明显，为2～3℃。健康人中约15%两乳热图不对称。

(3) 炎症

急性炎症的部位由于局部充血，代谢旺盛，产热增多，皮肤温度显著增高。炎症部位的温度往往比恶性肿瘤的温度更高。但是，红外线的穿透能力较差，较深的肿瘤或炎症在热图上显示出的温度就不高。单单从温度数值难以区分炎症和恶性肿瘤。

日本人采用温度回升试验来区别恶性肿瘤和炎症：发现局部热区后，将该部位冷却，然后观察冷却部位的温度回升速度。急性炎症由于血管扩张充血，反应快，所以温度回升快；恶性肿瘤温度回升比较慢。

（4）血管疾病

血栓闭塞性脉管炎。多发生在四肢，通常在下肢。肢体脉管纹络和热分布一般是固定和对称的，当血管患病后，血液循环受阻，温度发生变化。热像仪可及时测量出温差，患肢温度低于健肢。

动脉栓塞。在热图上栓塞的远心端呈现冷区，从冷区范围可确定栓塞的位置。

皮肤冻伤、烧伤及植皮手术。冻伤部位组织坏死、无血供应，与周围皮肤比是冷的。Ⅰ度烧伤是发炎性的，因局部充血，热图上显示为一片热区；Ⅲ度烧伤会出现组织损伤严重的情况，表面血流减少，呈现一片冷区；Ⅱ度烧伤的组织损伤程度各有不同，故有不同的热图表现。在治疗过程中可以把热图作为烧伤组织血运恢复程度的客观依据。热图还可以帮助了解植皮手术是否成功。

（5）医学研究

鉴定各种血管扩张药、消炎药等其他药物产生的生理反应。通过用药前后的热图分析，了解药物作用部位及显效速度。用于经络穴位研究，针刺穴位以后，有关部位皮肤温度升高。

（6）热像仪在医学上应用的优点

① 是无公害的“绿色”仪器。

② 以往的影像仪器借助于各种射线、超声波、标记药物、造影剂、显影剂来实现，对人体有不同程度的伤害，热像仪对医患双方无害。

③ 非接触测温，不会破坏原温度场和生物场，准确、无痛，无副作用。

④ 实时监测。

⑤ 可借助计算机对图像进行分析处理。

⑥ 便于会诊。

⑦ 是一种适应性广泛的检查仪器（热图筛选，事半功倍）。

（7）发展前景

红外热像诊断技术，需要形成自己的诊断学和诊断标准，目前研究不太充分，尚需大量的临床数据与医学数据的结合。

红外热像显示的是体表的二维热像图，人体的二维温度场是由整个躯体的三维温度场经复杂的传导、辐射、对流而形成的，这就注定了载有疾病信息的热像是处在相当复杂的强大的“噪声”之中，这给诊断带来困难，尤其是体腔深部组织疾病的诊断。

除了红外热像诊断技术，还有人体三维热场传导辐射计算机模型、人体热噪声滤波技术、计算机图形处理技术、高分辨率的红外焦平面阵列器件，只有这些技术大幅度发展，才能使红外热像诊断技术在生物医学领域有长足的发展。

8.4.5　热像仪在其他领域的应用

(1) 热像仪在建筑工业中的应用

各种建筑材料、建筑物保温情况的检测；对建筑物内水、电、气设备和管道进行检查，以便发现管道和阀门的泄漏与堵塞情况。

(2) 热像仪在石油化工中的应用

各种反应装置、输送管道、储油槽和储油罐内部腐蚀的探查、液面确定。

(3) 热成像遥感技术

火山、大地结构和地质检查（为找矿、油、水、天然气提供新手段），森林防火，农作物收获预报（各种农作物有不同的吸收、反射、辐射光谱特征，可确定长势、病虫害检测），生态系统气候图绘制。

(4) 热像仪在微电子工业中的应用

电路板布局热设计。在布局设计中，应考虑元间的相互干扰、维修方便程度、布局发热等情况。

(5) 热像仪在科研上的应用

在飞机和空间工业中，对高速运动的物体都需要作风洞模型试验，以了解模型的热传输状况。过去使用热电偶、热量计及温度灵敏漆等作为测温工具，但它们在研究不同阶段各部位温度变化的情况时就不能胜任了，现在使用热像仪就能满足这一要求。

习　题

1. 简述红外热成像的原理。
2. 简述热像仪的结构。
3. 简述红外成像探测器在军事、工业中的应用。
4. 简述红外热像仪在医学上应用的优点。
5. 上网查询红外热像仪在中医领域的研究进展。

第9章

红外理疗技术

本章着重介绍红外理疗的机理、典型的红外理疗仪器。

9.1 红外理疗的概念

红外理疗技术是红外与医学相结合而开发出来的一种新的医疗方法，包括：将红外辐射作为一种辐射能，利用其热效应和生物共振效应，来达到治疗的目的；将红外辐射作为诊断的手段，根据疾病引起人体局部温度场的变化从而造成人体红外辐射分布的变化，由此加以分析判断，作为诊断的依据。

在介绍红外理疗前，先介绍一下电疗与磁疗。

(1) 电疗

微电流可促进器官再生，用连续电流刺激截去肢体的青蛙，可使它长出新的足趾和整条腿。特定频率与强度的电流可起到麻醉效果。

细胞再生先驱者之一贝克尔博士认为：快速电流脉冲可加速骨折愈合。在骨折处植入电极，进行电流疗法，可取得理想的结果。他目前正在研究弱电流对神经修复和再生的影响。高频脉冲电流可治疗关节扭伤、肩肌劳损和关节肿胀。

电场可以实现离子导入，影响膜电位，从而改变细胞的通透性。低频弱电场可使人或动物高度兴奋，改变电场频率可使其精神高度放松，甚至睡着。细胞膜内侧为负电，外侧为正电，同时认为，细胞膜外侧电位越低，则该细胞越易分裂而增殖出新的健康细胞，所以科恩博士认为：利用电场使癌细胞的膜外侧电位升高，从而制止扩散和抑制肿瘤的生长；可使神经细胞的膜外侧电位降低而使之加速再生，这给瘫痪或神经疾病患者带来希望。

(2) 磁疗

电磁场能加速人体的造血功能，增强微循环，降低浮肿，增强代谢过程，同时使损伤的血管长出新组织，恢复再生组织的生理和生物力学特性。

弱磁场的生物效应：在地磁场强度级（0.5Gs）的恒定磁场和约10～100Hz的交变磁场同时作用下，细胞膜对一些重要离子（Na^+、K^+、Ca^{2+}、Mg^{2+}等）的通透性发生改变，这与磁场作用下这些离子发生回旋共振效应有关。

脉冲磁场的生物效应：强脉冲磁场对上肢神经有刺激作用。弱脉冲磁场对培养细胞DNA合成有增减作用，但对姊妹染色体交换则无影响。故直流磁场对治疗骨折有显著效果，脉冲磁场可增强离体组织有机质的合成，增加钙化，加快骨折愈合速率。

9.2 红外理疗机理及效应

9.2.1 人体的辐射和吸收特性

人体是一个天然辐射体，同时又是一个吸收体，它是一个复杂的有机体。人体由外向里，有皮肤、脂肪、肌肉、内脏等组织和器官。人体皮肤具有表皮、真皮两层，表皮具有角质层、透明层、颗粒层、生发层，真皮具有乳头层、网状层等。皮肤总厚度为0.5～4mm，平均为2mm。

(1) 人体皮肤对红外辐射的反射

红外辐射进入人体前，要受到皮肤的反射。皮肤对红外辐射的反射程度与皮肤色素沉着程度密切相关。无色素沉着，ρ在0.55～0.62范围内。有色素沉着，ρ约为0.42；皮肤充血时，ρ约为0.14。人体皮肤的ρ平均为0.34。

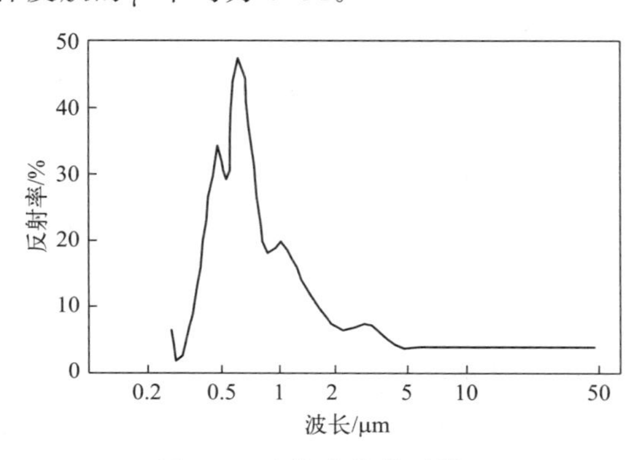

图9.1 人体皮肤的反射比

由图 9.1 可知，波长大于 1.4μm，特别是大于 2μm 以上时，入射的长波红外辐射部分（中远红外）的反射率不超过 10%，90%以上在皮肤表层中被吸收。

(2) 人体对红外辐射的吸收

人体皮肤在环境温度下发射率 ε 值高达 0.98，人体的温度 T 平均为 37℃，峰值波长 $\lambda_m = 9.35\mu m$，处于远红外段。由普朗克定律计算表明，在人体辐射的总能量中，小于 λ_m 部分能量占 25%，大于 λ_m 部分能量占 75%。由此可知，2～15μm 的红外波长区域占人体总辐射能的 80%以上。

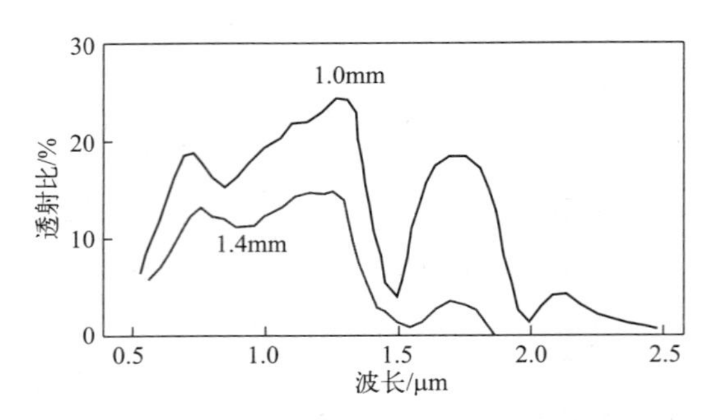

图 9.2 人体皮肤的透射率曲线

由图 9.2 可知，人体皮肤对红外辐射的吸收是有选择性的。对短波区的近红外（0.75～2μm）来说，透射比比较高，入射的近红外透过皮肤传到深部组织后被慢慢吸收。

有资料表明，红外对人体的透射深度由短波向长波递减，0.7～1.1μm 的近红外能量较远红外强，其穿透肌体深度为 10mm 左右，而大于 1.5μm 的远红外穿透深度仅为 1mm 左右。

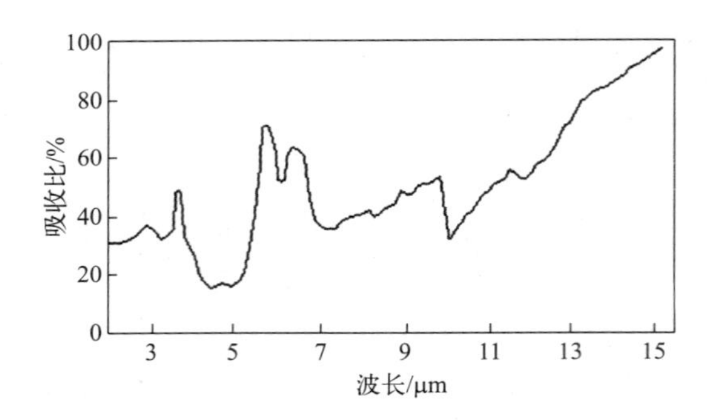

图 9.3 人体的红外吸收光谱

由图 9.3 可知，人体表皮的中红外吸收光谱有两个吸收带，2.5～4μm 和 5.6～10μm。根据匹配吸收理论，中远红外辐射（3μm 以上）恰与皮肤的吸收带相匹配，形成最佳吸收。

由图 9.4 可知，人体正常表皮约在 4～6μm 和 10～15μm 波长处有比较高的透射比。由此可知，人体吸收红外辐射的最佳波长为 4～14μm，而就穿透性而言，最佳波长为 0.7～1.1μm。两者最佳波长正好相反，解决这一矛盾的办法是，借助介质热传导和血液循环把热传到人体深部组织来弥补穿透力的不足。

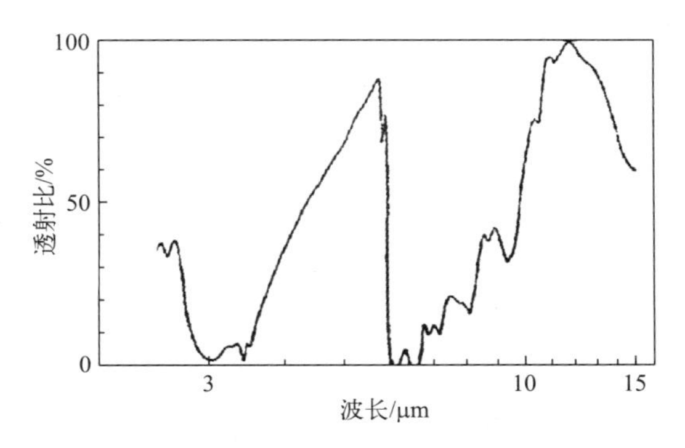

图 9.4　未经照射的人体（高加索）的正常表皮标准透射比

9.2.2　红外辐射的生物效应

红外辐射可使人体或生物产生热效应和共振吸收效应。

(1) 红外辐射的热效应

当红外线照射人体皮肤时，生物组织吸收红外线，分子的振动和转动动能增加，使得肌体局部温度升高。可以证明，热能使生物组织温度升高，细胞的通透性、胶体状态、生物电、酸碱度、酶系统发生改变，形成生物活性物质组胺和乙酰胆碱等，从而使新陈代谢旺盛，生物组织营养状况改善，组织再生能力加强，功能恢复加快，同时热效应可以引起血管扩张，血流加快，改善微循环，提高免疫力，对防病抗病起重要作用。

(2) 红外的非热效应

从分子结构和化学键上着眼分析生物活性大分子的结构特征和分子内部运动的基本规律。占肌体重量60%～70%的体液中含有的氢键，不仅对核酸、蛋白质分子的二、三级结构有重要意义，而且遗传信息由DNA→RNA→蛋白质的传递也都依赖于氢键的生存和断裂。氢键的键能为7～10kcal/mol，对应吸收的光子波长为2.7～4.1μm才能使键断裂；核酸分子中的磷酸二酯键的键能为10～12kcal/mol，对应吸收的光子波长为2～3μm才能使键断裂；人体有机组织中的O—H键的伸缩、C—C键的伸展、C═C、C—O、C═O键的弯曲振动，对应的特征振动频率主要分布在2.4～6.2μm区段。

因此，就可以对生物大分子施加频率与之匹配的能量，当大小适当时，能量就能被充分吸收，并通过振动能态电荷分布转移、质子转移等能量传递方式传递给肌体，对肌体功能调节、人体局部或全身的平衡状态起到特殊效应。

9.2.3　红外辐射的生理效应

红外辐射的生理效应主要由热引起，反映在局部和全身两个方面。

局部反应包括：浅小动脉、浅毛细血管和浅静脉的扩张，血液循环速度加快，毛细管内压增加，静脉压也增加，局部组织代谢增加，淋巴形成增加，吞噬作用增加，局部免疫能力增加，肌张力降低。

全身反应包括：小动脉、毛细血管和小静脉扩张，血液循环速度加快，脉搏加快，血压降低，免疫力增加，肌张力降低。

红外辐射的具体生理效应有如下几项：

(1) 改善局部血液循环

红外辐射改善局部血液循环的机制可能有下述两个方面。

① 引起反射性血管扩张。

第一种途径：热→皮肤升温，刺激皮肤内热感受器沿传入神经到丘脑下部前侧→交感神经→血管平滑肌松弛→血管扩张→血液循环加强。

第二种途径：热→血管→血液温度升高→血管周围神经丛兴奋→轴突反射→血管扩张。

② 形成血管扩张性物质

较强的热→组织→组织蛋白微量变性→形成组胺或血管活性肽→血管扩张。

(2) 影响免疫功能

免疫是人体的一种生理的保护反应，具有防御功能、稳定功能、免疫监视功能。免疫的防御功能与感染性疾病的发生和发展的关系非常密切。

近年来通过实验观察发现红外辐射确实能提高机体的免疫功能。

例如，西南医院用 TDP 对婴儿腹泻 100 例及小儿肺炎 110 例进行有关免疫的试验研究，在免疫反应上，使用 TDP 之后淋巴转化率、植物血凝素（PHA）皮试、免疫球蛋白 G 和 M（IgG、IgM）均升高（$P<0.05$）。这一事实证明 TDP 可能促进免疫功能。

河北大学物理系与河北大学医学院利用不同波段、不同照度、不同照射时间的红外辐射照射小白鼠，研究红外辐射对小白鼠免疫功能的影响，获得了有意义的结果。具体实验情况与结果如下：

① 实验材料与装置。

实验动物：昆明种小白鼠，体重 28～32g，雄雌各半，于实验当天取到实验地点，以减少环境变更造成的应激反应。红外辐射前 12h，背部剃毛，无毛区约为 $1.6\times3.0\text{cm}^2$，检查皮肤无损伤后，随机分组用于实验。小鼠喂养的饲料相同，均采取自然取食。

动物模型：给小白鼠注射环磷酰胺以降低小白鼠的免疫功能，在实验期间，共给小白鼠注射三次环磷酰胺，即在实验的第一天、第三天、第七天注射，每次注射 0.3g。

实验仪器：红外辐射源［包括短波红外辐射源（$\lambda_m=1.9\mu m$）、中波红外辐射源（$\lambda_m=4.5\mu m$）和长波红外辐射源（$\lambda_m=7.7\mu m$），三种辐射源的光谱相对辐射强度曲线见图 9.5］、PRM-1 型功率计、QF-2 型数字万用表、调压器、定时器等。

② 实验内容与实验结果。

本次红外照射后 24h，处死小鼠（包括对照组），取血及脾脏进行免疫学观测。

脾指数的测定：采用称重法测定每只小白鼠的脾指数，脾指数＝小鼠脾脏的重量(mg)/小鼠的体重（g）。

淋巴细胞转化率的测定：采用形态学方法测定每只小鼠的淋巴细胞转化率。

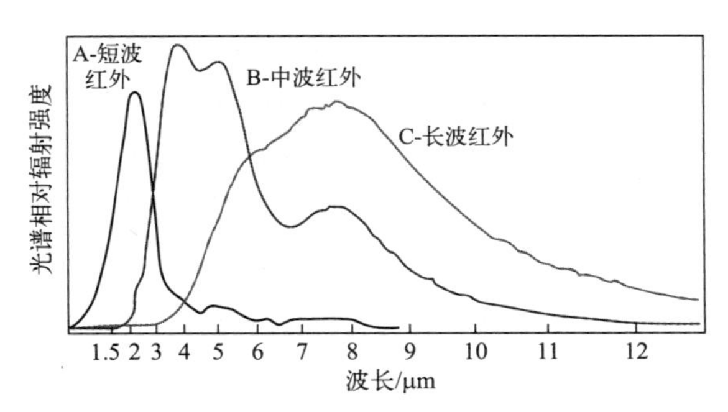

图 9.5　三种辐射源的光谱相对辐射强度曲线

红细胞免疫功能的测定：按郭峰法检测红细胞 C_{3b} 受体（RBC-CR_1）花环率和红细胞免疫复合物（RBC-IC）花环率。

内容：a. 不同波段的红外辐射对小白鼠免疫功能影响的检测。

b. 不同辐照度的红外辐射对小白鼠免疫功能的影响的检测。

c. 不同辐射时间的红外辐射对小白鼠免疫功能影响的检测。

实验结果：影响小白鼠的免疫功能的因素有红外辐射波段、红外辐射的辐照度、红外辐射时间和环境温度。若要提高小白鼠的免疫功能，可采取的较佳的辐射条件是中波段红外辐射，辐射照度为 $0.06W/cm^2$，辐射时间为 30min。

这将是红外辐射用于临床和红外理疗器的研制的重要理论依据。

(3) 促进局部渗出物的吸收、消肿和消炎

局部渗出物的吸收、消肿、消炎是热作用引起局部血液循环改善的继发效果，因血流加速，有利于局部渗出物的引流，使得张力下降，肿胀减轻。其机制可能通过下列几条途径来实现：

a. 外辐射的热作用通过神经体液起到应答性反应。其应答反应包括：消除病理过程；恢复破坏了的生理平衡；提高面部和全身抗病性并降低对致癌因子的反应；激活免疫细胞功能，有利于吞噬细胞趋向病灶；加强白细胞和网状内皮细胞的吞噬作用，达到消炎抗菌之目的。

b. 红外辐射的热作用使皮肤升温，使交感神经张力减低，舒张血管活性物质释放，小动脉和毛细血管扩张，血液充盈，血流加速，血液循环加强。如此，既可扩大红外辐射的热效应，又能增强组织营养，活跃组织代谢，提高细供氧量，改善病灶区的缺血缺氧状态，加强细胞再生能力，控制炎症的发展并使其局限化，加速病灶的修复。

c. 红外辐射的热效应改善了微循环或建立了侧肢循环，增强了细胞膜的稳定性，调节了离子的浓度，抑制了炎症介质的释放，使炎症介质浓度降低，改善了渗透压，促进了有毒物质代谢产物排泄，加速了渗出物的吸收和炎症水肿的消退。

另外，过去传统的看法是红外辐射不适用于急性炎症，认为急性炎症期组织已经发生主动性充血，红外辐射会使炎症组织更加充血，使渗出和疼痛加重。但近年来，经过临床实践，特别是对急性炎症的红外辐射疗法的应用问题从病理、病机、治疗原理和临床实践上进行了广泛讨论，认为急性炎症应列为红外辐射治疗的适应证，而且应用越早越好。理由是红外辐射可使血液、淋巴液流速加快，消除炎症组织内的静脉瘀血，并不断冲洗炎症组织，带走病理产物，促进局部组织的新陈代谢，使局部组织的营养加强，提高网状内皮系统的功能和细胞的吞噬能力，控制炎症的发展，从而达到消炎、消肿、止痛、避免形成脓肿、加速伤口愈合之目的。但这种观点是否确切，有待广大临床工作者进一步证实。

（4）减弱肌张力

作用原理：热→皮肤→血管内血液传递或热传导→肌肉→肌肉温度升高→γ纤维兴奋性下降，牵引反射减弱，肌张力下降。

（5）镇痛

红外辐射的镇痛作用大致可通过三条途径实现：

① 红外辐射的热作用引起吗啡样物质释放，使局部组织5-羟色胺含量降低，从而降低了神经末梢的兴奋性。

② 使血液循环改善、水肿消退，直接减轻了神经末梢的化学性和机械性刺激作用。

③ 提高了痛阈（热刺激和痛冲动同时传到大脑，相互干扰，使痛觉减轻）。

9.2.4 红外线的危害和防护

红外线可能对眼和皮肤造成损害。对皮肤的危害基本上限于1.1～1.2μm的近红外，它们比中、远红外更危险，可能是因为它们能深入真皮。对眼的危害方面，红外线有造成白内障的可能，但目前没有角膜、晶状体、视网膜的红外线损伤阈值，亟须建立红外线对眼和皮肤的安全标准。

9.3 红外理疗仪器

用于临床的红外理疗仪种类繁多，早期仪器主要为红外灯泡，这是一种最常见的近红外辐射源，在初步取得一些疗效的基础上，根据人体对红外辐射的吸收特性又发展了远红外辐射治疗仪，如目前市场上的红外理疗机、TDP辐射器、频谱治疗仪、多源频谱治疗仪、场效应治疗仪等都属于此类范围。由于构成这些治疗仪的辐射物质有所不同，它们所产生的辐射的成分亦有差异，在治疗病种上各有所长。但是，无论是近红外还是远红外辐射治疗仪，总的治病机理主要是红外辐射引起的“热效应”。

9.3.1 红外理疗机

① 设计原理：经测试，光谱范围在2.5～25μm，光谱发射率为0.92～0.95，辐射板峰值波长在4.3～6μm之间。人体有2个吸收峰，2.5～4μm，5.6～10μm。因此，辐射板的峰值波长恰好处在人体的最佳匹配吸收区（5.6～6μm）和非匹配吸收区（4.3～5.6μm）。

② 结构与指标：不锈钢发蓝处理元件为辐射板，直径 24cm，厚 1mm，电热丝为 500W 镍铬丝，连同辐射板固定在炉盘上，炉盘后面的反射板由抛光铝板制成，其间填充硅酸铝绝热层。然后将炉盘即通常称的辐射头安装在可升降、旋转的支架上，并配有定时器和调温装置。

③ 光谱范围：2.5～25μm，峰值波长由调温装置控制，光谱发射率 0.92～0.95，功率 250～500W。

9.3.2 TDP 辐射器

TDP 辐射器是“特定电磁波”的汉语拼音缩写，结构如图 9.6 所示，该辐射器是由经过特别选定的物质组成的，其有不同的存在状态（包括晶体化合物、非晶体化合物、晶体和非晶体的氧化物、元素等），在一定温度下能发射波长为 2～50μm 的电磁波或其他离子流。

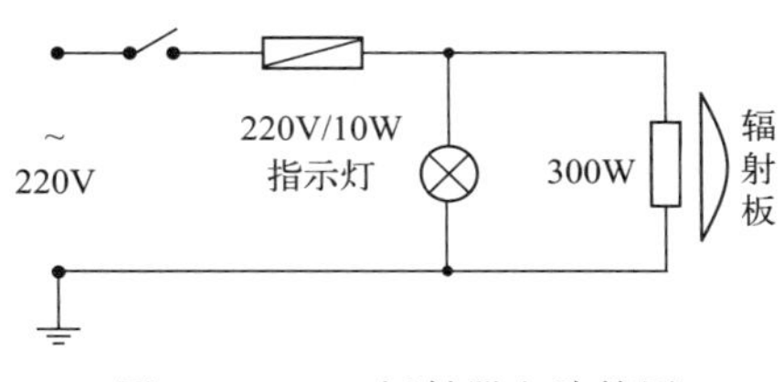

图 9.6 TDP 辐射器电路简图

TDP 辐射器的圆形铁坯上面烧结一层搪瓷过渡层，然后再烧结一层含有硅、钙、铬、锰、铁、铜、锌、钴、锡、硼、硒、镉、钛、锆、钨、碘、砷、钠、钒、锑、铈、钼、铋、钡、氟、铱、镍、镁、铅、碳、磷等物质的红外辐射层，即构成一块辐射板，然后将热源连同辐射板一起固定在一可活动的支架上。

9.3.3 中波红外与短波红光综合治疗仪

20 世纪 80 年代以来，红外理疗与红光治疗技术在我国得到一定的发展，虽然已有的机型在某些疾病的治疗和家庭保健上取得了明显的疗效，但是由于在光谱波段选择、照射剂量的选取以及对某些疾患照射面积大小等方面缺乏严格的基础实验，故在疗效上并未达到最佳效果。另外，现有的红光治疗仪虽然比 He-Ne 激光器在功率的提高以及照射面积的扩大上推进了一步，但仍受到很大限制，满足不了患者的需要，同时在光谱选择上由于采用灯泡滤光式，所以红光成分主要为长波红光（0.65～0.75μm），疗效上低于短波红光（0.60～0.65μm）。针对上述现实，根据中红外与短波红光两类光量子在医疗上的特异性和某些方面的一致性与互补性，提出了“双红”（即中红外和短波红光）光浴的设想，经过多年的努力，研制成功了“中波红外与短波红光综合治疗仪”。下面将对该治疗仪的设计原理、系统结构和适应范围做一阐述。

双红综合治疗仪的设计原理：双红综合治疗仪的治疗机理主要是利用中红外辐射对人体产生的热效应和非热效应（共振吸收效应）以及短波红光对人体的光化学作用。总的设计指导思想是：充分利用中红外与短波红光两类光量子在医疗上的特异性和某些方面的一致性以及互补性和叠加效应，采用红外与红光的最佳组合对全身进行双红光波浴，而达到“标本兼治、调节阴阳、疏通经络、防病治病、保健养生、延年益寿”的效果。

双红综合治疗仪的核心部件是中红外辐射源和短波红光发生器。下面讨论几个关键技术问题。

（1）关于红外辐射器

双红综合治疗仪发射中红外光谱的中心部件是红外辐射器，采用的是陶瓷基体上喷涂电热材料，涂覆红外涂料后形成电热薄膜。

该辐射器具有面状发热、热效率高、热温度系数小、升降温快，节能省电等优点。红外涂料的作用是强化红外辐射，采用的是自行研制的 TL1、TL2 配方，每根管涂成色环形式，辐照到人体表面，具有热按摩作用。

（2）关于红外辐射的光谱范围的选择

人体是一个 ε 值高达 0.98 的天然辐射体。人体（37℃）辐射的峰值波长 λ_m 为 0.93482μm，考虑到人体各部位温差的差异，进一步计算表明，2～15μm 的红外波长区域约占人体总辐射能量的 80%以上，因此人体辐射的理论波谱范围涉及很宽的频带。根据匹配吸收理论，中红外辐射（3～6μm）恰与皮肤的匹配吸收峰及非匹配吸收峰相吻合。

人体生物大分子含有氢键的原子基团特征频率处在 2.7～4.1μm 的范围内；提供人体细胞能量的三磷酸腺苷（ATP），在 2.5～4μm 波段有强烈的吸收峰，因此中红外波段最易引起肌体的共振吸收，或穿透到皮下深层，继而导致所希望的生理效应。

根据以上结果，双红综合治疗仪的红外光谱能量范围定为主辐射区 2.5～9.5μm，峰值波长 4.5μm 左右。

（3）关于辐射体温度的设计

由维恩位移定律 $\lambda_m T=2897$ 可知，要使 λ_m 处于中远红外区域，可以通过降低温度 T 来实现，但是 T 的降低将使辐射的总能量及峰值能量大大降低。实验及计算表明，辐射体表面温度大于 120℃时，辐射热才大于对流热，只有当辐射热处于优势地位时，才能大大提高红外辐射的效率。因此，在辐射体的设计中，必须兼顾辐射峰值波长、辐射的能谱分布以及辐射体表面的温度。该仪器采用的红外辐射器光谱相对辐射强度曲线见图 9.7。

（4）关于红光光源

红光照射人体时大部分被细胞的线粒体吸收，并使线粒体的过氧化氢酶活性增加。临床表明红光具有治疗范围广，且疗效高的特点；国内外激光专家已经证实作为光疗先驱的 He-Ne 激光器（波长 632.8nm ）是很有效的理疗仪器，但其功率小（毫瓦级）、光斑直径小（一般小于 3mm）的缺陷，使它的临床应用受到很大的限制；有资料表明，红外光对人体的穿透深度由长波向短波递增，可见光和红外辐射的穿透深度约为 10mm，而红光对肌体穿透深度可达 15mm，故对病灶较深的疾病疗效显著。

红光波段相干光有 He-Ne 激光等，非相干光可以在各种气体或各种化合物气氛下放电产生。临床表明，光源的光谱范围及光剂量是光疗仪器的关键，而相干性并不重要。

红光治疗仪采用卤素气体下钨丝加热产生白炽光，再用特殊红外吸收元件及红色滤光片取出所需的红光部分。我们研制的红光源采用的是特种气体配方，高压激发气体放电，产生所需红光，经测试光谱范围为 600～700nm，测试曲线见图 9.8，克服了功率偏小、照射面积受限制的问题，这使红光治疗具有了更广阔的应用前景。

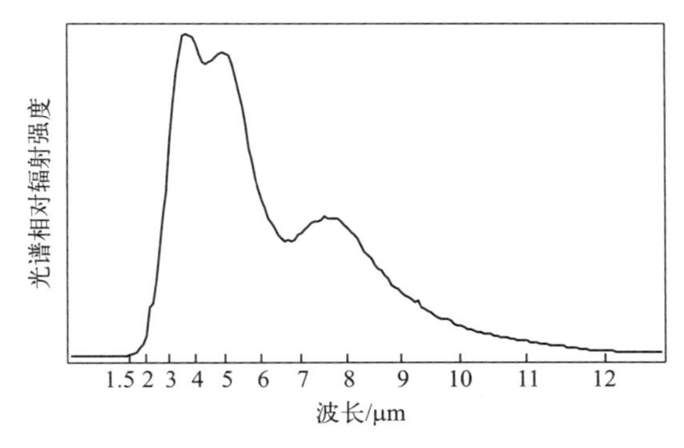

图 9.7　红外辐射器光谱相对辐射强度曲线

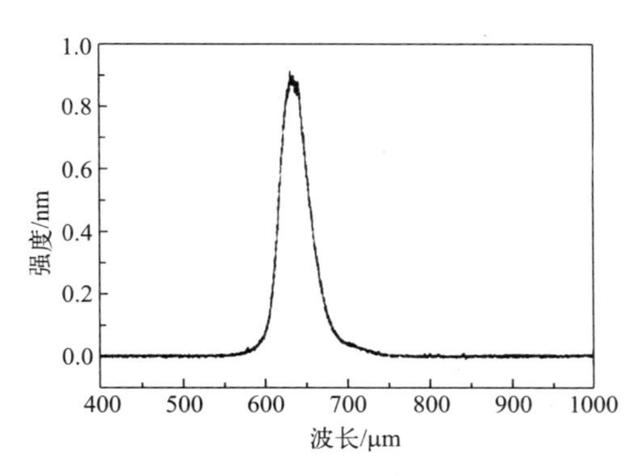

图 9.8　红光管光谱曲线

该仪器的控制电路由定时器、电源、红光电源、控温装置、音乐装置、紫外消毒装置 6 部分组成。定时器用以控制仪器的辐射治疗时间；交流电源一路是将 220V 交流电压变为直流电压，提供给音乐装置，另一路交流稳压作为其他装置的电源；红光电源通过倍压整流电路提供激发红光管发光的高压；紫外消毒装置采用特种电路激发消毒灯发光。在进行“光波浴”的同时加入一个音乐装置，是因为音乐可以作用于大脑边缘系统，调整神经及皮质功能，通过脑干网状结构起到与精神安定剂相似的作用。控温装置由温度控制器、温度指示器和探测器组成，根据设定的温度自动控制红外辐射管的通断，来达到对治疗室温度进行调节的目的。

（5）功能与适应范围

该机中红外与短波红光既可以单独使用，也可以同时使用。临床表明该机具有使用范围广、疗效高的特点。

双红光量子照射人体，可以提高人体免疫功能，加快新陈代谢，改善微循环，是防病、抗衰老、延年益寿的有效手段。对长期工作在有辐射源环境（如核电站、铀矿、放射理疗、X 射线机、广播电视台、变电站等）的工作人员，用本机进行保健照射，可提高机体的免疫力，增强抗辐射损伤的能力。是对机体损伤修复的有效手段。

该机具有促进血液循环、加速新陈代谢、快速解除疲劳、松弛身心、恢复体力快等效果，是长期从事大运动量训练项目的运动员、舞蹈演员、飞行员等以及长期从事脑力劳动、商业竞争而引起精神疾病患者的理想的康复保健仪器。

该机照射患部可以加速渗出物的吸收，加快炎性产物的清除，具有稳定中枢神经系统的作用，可调节交感神经和副交感神经的功能，降低周围神经的反应性，改善供血，加速血液及淋巴液回流，消除致痛物质，达到疏通经络、调理气血的目的，对消炎、消肿、止痛有明显效果。

全身照射可使人体皮肤的血液循环加快，改善机体皮肤及局部微循环，增加营养物质的供给，加速代谢产物的排除，能够增强皮肤营养、消除皮肤疾病，并使皮肤光滑柔软富有弹性。

采用该机照射全身，辐射可透入人体内层，促进全身的新陈代谢，排出人体多余热量，达到减肥之功效，并能防止肌肉僵硬，保持体型优美。

9.3.4 神秘的“频谱仪”

时下社会上，诸如“频谱仪”“多源频谱治疗仪”“宽谱治疗仪”等冠以频谱字样的治疗、康复、保健仪器相继问世，给人一种神秘的感觉。“频谱”究竟是什么？它的治疗机理又是如何呢？

“频谱仪”的核心原理是：人体是一个低能量的辐射源，可以发出多种物理信息，这些信息称为人体的生物频率；当频谱仪的中心频率与人体细胞的固有振荡频率接近时，就会发生谐振现象，人体细胞强烈吸收辐射能；所谓频谱仪就是从仿生学角度设计制造的能产生近似人体频率的振荡发生器。

图 9.9 是某频谱仪的相对光谱辐射强度曲线，它的主辐射区为 2.5～7.5μm，峰值波长在 4.5μm 左右。

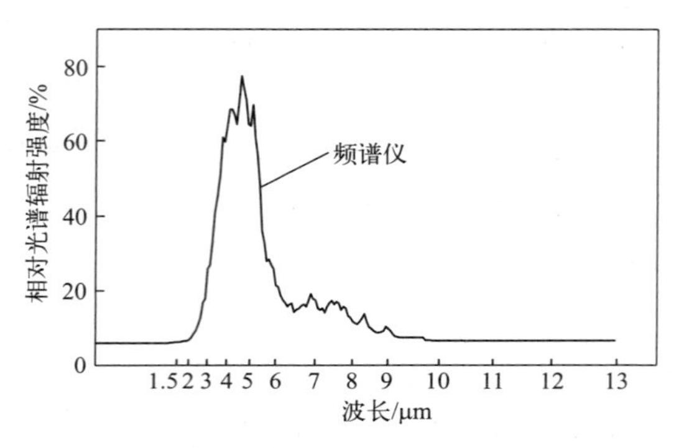

图 9.9 某频谱仪的相对光谱辐射强度曲线

通过测试我们发现，目前流行的各类“频谱仪”，差别主要在于主辐射区选取不同。从本质上讲，绝大多数频谱仪属于红外理疗仪的范畴，它的疗效同样依赖于红外线的热和非热效应。共同特点是，红外辐射效率较高，辐射能量的分布偏向远红外。峰值波长一般在 4μm 以上，大部分功率集中在 2～15μm。

9.3.5 红外理疗仪器的发展方向

红外理疗的治疗范围之广，可以与离子穿入、超短波等理疗机媲美，它的疗效快、操作简单、价格低廉，更主要是治疗时不会给患者带来痛苦。那么，红外理疗仪器的发展前景如何呢？我们认为红外理疗仪器设计者应考虑以下几个方面：

随着新型红外辐射器件的问世，一些体积小、结构新颖、操作简单的红外理疗仪将成为大众的康复保健用品。

从波长上讲，红外元件的光谱，特别是红外峰值波长的选择，是确定仪器治疗的适应范围及疗效的关键。峰值波长随辐射源温度的升高向短波方向移动，温度降低向长波方向移动，因此，只需通过一个简单的控温装置，就能根据病情调节辐射板的温度，以达到一机多用功能。

由河北大学红外课题组研制的“双红光浴仪”克服了传统红外理疗仪照射面积小的局限性，利用中红外与短波红光两类光量子，对患者实施全身光照和光按摩，起“标本兼治、调节阴阳、疏通经络”的功效，这也是红外理疗仪的一个发展方向。

9.4 红外治疗技术国内外动态

9.4.1 红外血凝固器

该治疗器是通过压迫截断血流的装置。在截断血流的同时照射红外辐射，这样就能达到止血、凝血的目的。该装置的特点是：光控制器的前端紧挨着患部，即使患部表面还有血液，也不影响红外辐射的照射；光控制器的前端不会与患部组织粘连，所以，当把光控制器拿掉以后，也不会再出血；红外辐射照射 0～3s 后，就能准确地控制特定的凝固深度。

目前应用较多的国家有美、英、德、瑞士等国，主要用于肝、肾、肺等实质性脏器出血或术中出血的止血、痔疮的治疗、消除文身、各种皮肤损害的治疗、扁桃体切除、治疗毛细血管瘤、治疗各种子宫良性损害、肿瘤的高温治疗。

9.4.2 热疗

保加利亚维宁格勒市光电治疗仪器厂制造了一种以动态热刺激为基础的治疗仪。该仪器支架上安装 16 个红外辐射灯，电子线路一次将它点亮，使热波在患者身上扫过，其速度、热量及热波重复照射的频率均由程序系统控制。这种“热按摩”可用来治疗外伤、植物神经系统疾病，还可借助它使运动员和重体力劳动者消除疲劳。

发热治癌是当今世界医学界的热点。Ardenne 等人做了大量的实验研究和理论研究，他们指出：热能破坏肿瘤细胞，热对细胞的破坏原理与免疫作用有关，热处理后肿瘤细胞的分解产物会刺激免疫系统，增强免疫反应而抑制肿瘤细胞；热疗对肿瘤细胞的杀灭有选择作用，肿瘤细胞死亡而邻近的正常组织不死亡；热疗能提高肿瘤细胞对放射线的敏感性；热疗能提高肿瘤细胞对化疗的敏感性。初步的动物实验证明，局部热疗对肿瘤治疗的效果优于全身热疗。

9.4.3 其他红外技术的临床应用

Unitika 公司和 Descent 公司共同发明了一种内储热纤维 Salara，并用它生产了一系列服装，包括冬季工作服和老年人保健服。Salara 是一种太阳热储热纤维，由含碳化锆的芯子和鞘套组成。碳化锆可吸收可见光而反射红外辐射，故占太阳光 95%的小于 2μm 的短波光能可有效地被吸收以转化成热能并储于纤维。由于纤维反射相当于 2μm 以上的红外辐射能，故它能阻止人体产生的约 10μm 的红外辐射向外逸散而增加其截流的热量。

9.5 红外技术与传统医学

中医学的理论核心之一是整体观念，而红外热像仪可以获得人体连续的、动态的红外信息。因此，用热像仪来研究传统医学的脏象学说在思想内涵上是合拍的，而且热图像的特点是人体表面信息收集，也符合中医司外揣内的原则。

近年来的研究工作表明，经络感传现象是一种普遍的生理现象，这种现象不仅可以被受试者主观感觉，而且可以通过现代的生理手段进行客观的记录。经证实，声、光、热、电都与经络感传现象有关，热像更是一个良好的手段。

近年来，众多的红外治疗器中有很多通过照射经穴来达到治疗疾病目的，如负压红外理疗仪、远红外温灸器、远红外穴位贴敷片等。

“能量点穴疏经法”是在分析病理的基础上，由医生向患者敏感穴位输入一定的能量进行治疗。不同于已有的针刺疗法和点穴法，“能量点穴疏经法”向患者输入的能量较大。清华大学热能工程系用红外热像术对治疗全过程进行了动态测试，获得了大量热像信息。

习 题

1. 理疗包括几种物理方法？
2. 简述红外理疗机理。
3. 简述红外辐射的生物效应。
4. 红外辐射如何改善局部血液循环？
5. 简述红外理疗机的工作原理。
6. 上网查询，了解红外治疗技术国内外动态。

参考文献

[1] 张建奇，方小平. 红外物理 [M]. 西安：西安电子科技出版社，2011.

[2] 石晓光，宦克为，高兰兰. 红外物理 [M]. 杭州：浙江大学出版社，2013.

[3] 杨风暴. 红外物理与技术 [M]. 北京：电子工业出版社，2014.

[4] 陈衡. 红外物理学 [M]. 北京：国防工业出版社，1985.

[5] 纪红. 红外技术基础与应用 [M]. 北京：科学出版社，1993.

[6] 刘景升. 红外物理 [M]. 北京：兵器工业出版社，1992.

[7] 周书铨. 红外辐射测量基础 [M]. 上海：上海交通大学出版社，1991.

[8] 刑素霞. 红外热成像与信号处理 [M]. 北京：国防工业出版社，2011.

[9] 张叔良，易大年，吴天明. 红外光谱分析与新技术 [M]. 北京：中国医药科技出版社，1993.

[10] 徐景智，杨景发. 远红外涂料配方研究 [J]. 激光与红外，2002，32 (1)：46-48.

[11] 徐景智，卢爱荣，杨景发，等. 红外辐射对机体免疫功能的影响 [J]. 红外技术，2000，22 (3)：58-62.

[12] 杨景发，徐景智，赵庆勋，等. 医用红外热像仪在乳腺疾病普查中的应用研究 [J]. 激光与红外，2000，30 (1)：42-44.

[13] 王文革. 辐射测温技术综述 [J]. 宇航计测技术，2005，25 (4)：20-24.

[14] 李莹秋. 寒凝血瘀型原发性痛经红外热图特征及艾灸即刻治疗的经穴效应研究 [D]. 北京中医药大学，2023.

[15] 彭云，沈怡，武培怡，等. 广义二维相关光谱学进展 [J]. 分析化学，2005，33 (10) 1499-1504.

[16] Noda I. Generalized two-dimensional correlation method applicable to infrared，raman and other types of spectroscopy [J]. Appli. Spectro. 1993，47 (9) 1329-1336.